Mastercam 数控加工完全自学丛书

Mastercam 2022 四轴数控编程

入门到提高

俞宙丰　编　著

机械工业出版社

本书基于 Mastercam 2022 软件的数控编程模块，围绕 Mastercam 2022 针对 CNC 机床四轴的"定轴""替换轴"及"多轴刀路"应用等方面展开讲解。全书共分 9 章，内容包括软件安装后的机床设置、四轴机床找旋转中心、四轴定面编程、四轴替换轴编程、四轴钻孔、四轴联动基础命令讲解、四轴联动高级命令讲解、Mastercam 2022 新增功能"统一的"、经典实例讲解。为便于读者学习，本书对重点及难点内容提供视频讲解，读者可通过手机扫描书中相应二维码观看。书中讲到的案例，本书提供素材源文件下载，读者可通过手机扫描前言中的二维码获取。

本书可作为数控技术专业学生学习四轴编程的入门教材，也可作为数控编程技术人员的自学教材。

图书在版编目（CIP）数据

Mastercam 2022 四轴数控编程入门到提高/俞宙丰编著. —北京：
机械工业出版社，2023.11
（Mastercam数控加工完全自学丛书）
ISBN 978-7-111-73940-1

Ⅰ．①M… Ⅱ．①俞… Ⅲ．①数控机床—加工—计算机辅助设计—应用软件
Ⅳ．①TG659-39

中国国家版本馆CIP数据核字（2023）第185661号

机械工业出版社（北京市百万庄大街22号　邮政编码100037）
策划编辑：周国萍　　　　　责任编辑：周国萍　刘本明
责任校对：宋　安　贾立萍　封面设计：马精明
责任印制：任维东
唐山三艺印务有限公司印刷
2023 年 11 月第 1 版第 1 次印刷
184mm×260mm · 11.25 印张 · 264 千字
标准书号：ISBN 978-7-111-73940-1
定价：69.00 元

电话服务　　　　　　　　　网络服务
客服电话：010-88361066　　机　工　官　网：www.cmpbook.com
　　　　　010-88379833　　机　工　官　博：weibo.com/cmp1952
　　　　　010-68326294　　金　书　网：www.golden-book.com
封底无防伪标均为盗版　　机工教育服务网：www.cmpedu.com

前　　言

Mastercam 软件是美国 CNC Software 公司开发的一款 CAD/CAM 软件，利用这款软件，用户可以解决产品从设计到制造全过程的问题。它由于诞生早且功能优，特别是在 CNC 编程方面快捷方便，因此成为全球制造业广泛采用的 CAM 软件之一，并且下载量常年位居第一。Mastercam 软件主要用于机械、电子、汽车、航空等领域的研发与制造。

随着技术的不断发展，对产品的要求越来越高，传统的三轴 CNC 机床已经无法满足目前产品的加工需要。为了提升产品的加工效率，使加工质量更稳定，很多工厂都在三轴 CNC 机床上加装了四轴转台，有的也在转台上加装了桥板。这不仅需要编程工程师掌握四轴编程技术，还需要了解转台四轴和桥板四轴编程等的工艺知识，比如工件需要用转台四轴加工还是桥板四轴加工，或者用什么样的夹具加工等。

本书基于编著者从事机械加工 16 年，使用 Mastercam 软件编程超 10 年的经验编写而成。书中详解介绍了在实际工作中要用到的 Mastercam 2022 四轴编程方法和应用技巧，围绕 Mastercam 2022 针对 CNC 机床四轴的"定轴""替换轴"以及"多轴刀路"应用等方面展开讲解。全书共分 9 章，内容包括软件安装后的机床设置、四轴机床找旋转中心、四轴定面编程、四轴替换轴编程、四轴钻孔、四轴联动基础命令讲解、四轴联动高级命令讲解、Mastercam 2022 新增功能"统一的"、经典实例讲解。为便于读者学习，本书对重点及难点内容提供视频讲解，读者可通过手机扫描书中相应二维码观看。书中讲到的案例，本书提供素材源文件下载，读者可通过手机扫描前言中的二维码获取。

为便于生产一线的读者学习使用，书中一些名词术语按行业使用习惯呈现，未全按国家标准统一，敬请谅解。

本书可作为数控技术专业学生学习四轴编程的入门教材，也可作为数控编程技术人员的自学教材。

由于编著者的水平有限，时间仓促，书中难免存在不足和疏漏之处，敬请广大读者批评指正。

编著者

目　　录

第❶章　软件安装后的机床设置

在创建加工程序之前，得先选择一台机床。四轴机床和三轴机床是不一样的，三轴机床可以使用软件默认的机床，四轴机床必须选择四轴机床。

1.1　设置机床文件

单击"机床"—"铣床"，下方只有"默认"和"管理列表 …"，如图 1-1 所示，若单击"管理列表 …"后也没有四轴机床文件，那就需要另外安装四轴的机床文件。

图 1-1　选择机床只有默认的机床文件

1.2　安装机床文件

打开"MC22 机床文件与后处理（含车床）"的压缩文件，将里面的"Shared Mastercam 2022"文件夹替换到 Mastercam 2022 的文件目录里，如图 1-2 所示。

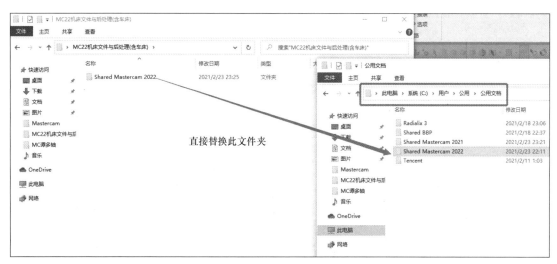

图 1-2　替换文件夹

1

1.3 创建并选择四轴机床

单击"机床"—"铣床"—"管理列表 …",找到"自定义当前机床目录"列表里的"MILL 4-AXIS VMC MM.mcam-mmd",单击"添加",将该机床文件添加到右边的"自定义机床菜单列表"里,单击 ✓ 确定,如图 1-3 所示。

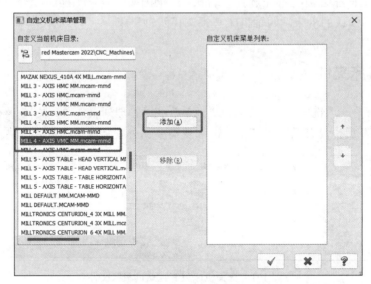

图 1-3 添加四轴机床文件到列表里

单击"机床"—"铣床",选择四轴机床,如图 1-4 所示。

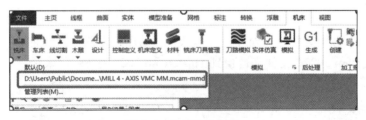

图 1-4 选择四轴机床

选择这个机床后就可以编写四轴程序了。有很多读者不选择四轴机床,直接用默认的机床编程,这会导致生成刀路的时候直接报警。

1.4 设置软件机床的顺时针或逆时针方向

设置软件机床的顺时针或逆时针方向有两处参数需要设置。具体步骤如下:

1)单击"机床"—"机床定义",弹出"机床定义管理"对话框,找到右下角的"机床配置",一直单击"Machine Base"下方的"+",直到出现"VMC A Axis"的线性轴,如图 1-5 所示。

双击"VMC A Axis",按图 1-6 所示画框位置设置两处。软件默认的机床设置是逆时针,如果操作的机床是顺时针的,就改成顺时针,并且单击下方 ✓ 按钮保存设置。

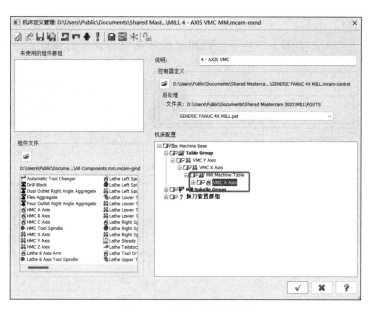

图 1-5　找到 A 轴线性轴

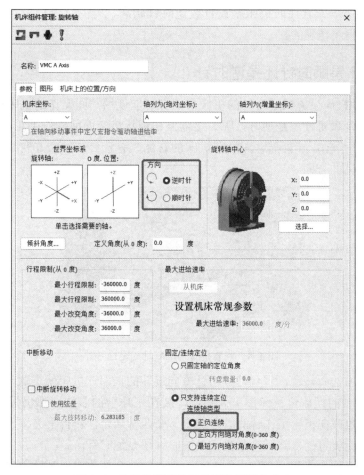

图 1-6　设置为逆时针以及正负连续的方向

2）单击"刀路"工具栏"机床群组 -1"下方的"文件"，弹出"机床群组属性"界面，单击"编辑"旁边的 🔔，如图 1-7 所示，弹出"机床定义管理"对话框。后续操作和步骤 1）一样。

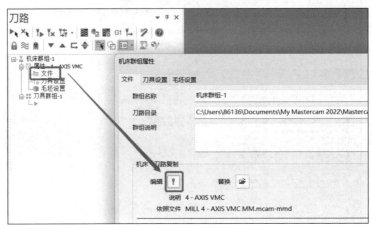

图 1-7　在"刀路"工具栏里也有需要修改的地方

这两处设置完毕，软件的机床就设置成逆时针状态。有的读者只设置 1 处，导致未设置成功，出来的程序是反的。

1.5　判断机床是顺时针还是逆时针

1.4 节将软件机床设置成逆时针的机床，但有可能现场车间操作的机床是顺时针的。如何判断现场机床是顺时针还是逆时针呢？这需要在现场机床面前操作手轮，将第 4 轴"A"轴往"+"方向摇手轮，一直摇。人站在机床的右侧，看转台往哪个方向旋转。如图 1-8 所示，转台是逆时针的方向。

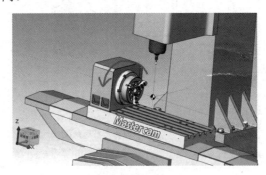

图 1-8　判断机床是顺时针还是逆时针

如果人站在右边看转台，转台是顺时针方向旋转的，那该机床就是顺时针的。

如果机床转台的摆放位置和图 1-8 相反，装在工作台的右边，那仍然站在机床的右边看转台。可以想象成在机床工作台的右边装了一个四轴转台，转台上夹持了一个工件。人站在右边看工件的旋转方向，然后判断机床是顺时针还是逆时针。

这里建议读者把机床和正在使用的 Mastercam 软件全部改成逆时针，以方便后期管理和使用。

第❷章 四轴机床找旋转中心

2.1 转台四轴找中心

转台找中心的标准方法只有一种，就是夹一根棒料然后铣基准、碰基准、找中心，具体步骤如下：

1）在转台上装一个卡盘，然后在卡爪上夹一根棒料，接着铣一个基准，如图 2-1 所示，铣完基准是一头扁的棒料。

2）A 轴相对位置设 0，然后摇动手轮控制，将 A 轴向里旋转 90°，此时棒料扁的部位朝向机床内部。如图 2-2 所示。

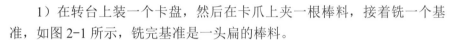

棒料扁的部位朝机床内部

图 2-1　转台上装卡盘，夹一根棒料并铣一个基准　　　　图 2-2　棒料扁部朝机床内部

3）主轴上装一个直径 10mm 的刀棒，刀柄朝外装夹，或者夹持对刀棒。操作手轮，将刀棒碰上棒料的扁部位。机床设置上将 Y 的相对位置设 0。如图 2-3 所示。

4）操作手轮，将主轴移动至高位，再次操作手轮将 A 轴旋转至相对位置 −90° 的位置，此时棒料扁的部位基准应该朝向操作者自己。如图 2-4 所示。

图 2-3　将刀棒碰到棒料扁部位，Y 坐标相对位置设 0　　　　图 2-4　扁的部位朝操作者

5）操作手轮，移动刀棒碰到棒料扁位基准，观察机床 Y 坐标的相对位置数据，如图 2-5 所示。

图 2-5　操作手轮将刀棒碰到扁位基准

6）记录此时机床 Y 坐标相对位置数据，该数据除以 2 即为 Y 轴的中心位置。例如此时 Y 坐标为 −50，那么操作手轮将刀棒移动到安全高度，然后再操作手轮移动 Y 轴，使 Y 坐标相对位置移动到 Y−25 的位置，再在 G54 的坐标系里输入 Y0 测量。最终目的是执行 "G0 G90 G54 Y0" 代码之后，主轴能够移动到四轴转台的 Y 轴旋转中心上。该方法如果操作得当，可以保证误差在 0.02mm 以内。进一步微调需要加工产品后用三坐标测量仪来检测，然后在 Y 的坐标里进行补偿调整。

7）假设对刀时 Y 轴碰过来是 50mm，那么这个扁位到中心的厚度就是（50mm/2）−刀具半径，即 25mm−5mm=20mm。具体为：①在图 2-1 的位置对刀；②设置 Z 坐标相对位置为 0；③将 Z 轴相对位置往下移动 −20mm；④在 G54 坐标系里设置 Z0 测量。

8）在 G54 坐标系 Z 数据里减去对刀的那把刀的刀具补偿，最终在输入 "G90 G0 G54 G43 H1 Z0" 的时候，这个刀具刀尖要在旋转中心 Z0 的位置上。

这样操作完毕，Y 轴和 Z 轴坐标找好，旋转中心就找好。找好旋转中心，确定好机床的旋转方向，才能编写四轴程序。

2.2　桥板四轴找中心

四轴加工分为两种，一种是前面介绍的转台加工，还有一种就是桥板加工。转台的加工方式是产品可以摆放在旋转中心的轴线上，然后直接编程加工。而桥板是偏中心的，桥板加工产品一般是批量件，一个桥板上装了很多夹具，有的只装一面，有的正反两面都装夹。为了保证加工产品的稳定性和提升加工效率，做工艺和应用的工程师可谓是绞尽脑汁从夹具上想办法，笔者有幸看到过装成三角形的桥板，真是把桥板加工产品发挥到了极致。

桥板四轴找中心和转台找中心的原理是一样的，对刀也是找基准边。具体步骤如下：

1）默认该桥板表面和两条侧边垂直（一般要求高的工厂会用磨床加工至垂直），用百分表打水平，保证 Y 方向误差在 0.01mm 以内，A 轴清零。如果桥板表面和侧边不垂直，则需要将 A 轴旋转 90°，将侧边竖起来，用刀具底刃精修一下，如图 2-6 所示。

2）用对刀棒（直径 10mm）碰朝着操作者一侧的边，Y 坐标相对位置清零，如图 2-7 所示设置。

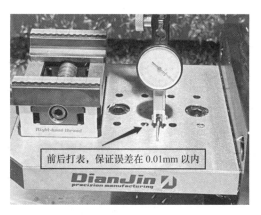

图 2-6 将桥板打表校直

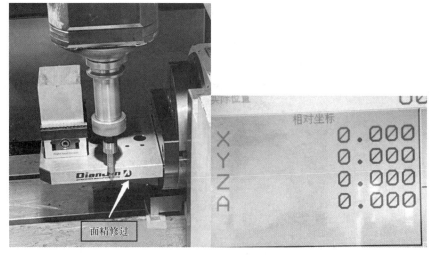

图 2-7 侧面精铣后用对刀棒碰上去，机床设置"相对坐标"全部清零

3）操作手轮第 4 轴，将 A 轴摇至 180°，此时上一步对刀的部位就转到机床里，再用对刀棒碰之前对刀的位置，如图 2-8 所示。

4）观察 Y 坐标数值（此时 Y 数值是 160），将得到的数值除以 2（等于 80），然后操作手轮将主轴移动到 Y 一半 80 的位置，如图 2-9 所示。

图 2-8 翻转 180°后对刀棒对里面相同的位置

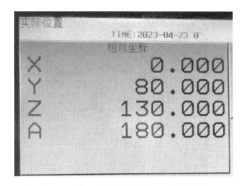

图 2-9 将主轴移动到 Y 一半的位置

5）将机床坐标的 Y 值输入到 G54 坐标系，如图 2-10 所示。也可以直接输入"Y0"然后单击"测量"。

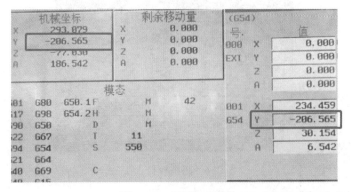

图 2-10　设置 Y 坐标

6）装一把基准刀（例如 1 号刀为 φ6mm 的平底铣刀），在工作台上放对刀仪对刀设置刀长，将机械坐标数值"−267.890"输入到刀具形状补偿中，如图 2-11 所示。

图 2-11　对刀设置刀长，将机械坐标 Z−267.890 的数值输入到刀补中

7）刀尖碰上桥板基准边上的刀棒（刀棒是 ϕ12mm），如图 2-12 所示。

图 2-12　在桥板基准边上用 ϕ12mm 刀棒对刀

8）操作手轮移动 Z 至桥板中心位置，在 G54 坐标系中设置 Z0。具体步骤如下：

① 将 Z 下降刀棒的直径 12mm。

② 下降桥板回转的半径（160-10）mm/2（160 是第 4 步对刀对里 Y 的数值，10 是分中棒的直径），此时刀具的刀尖应该是在桥板 Y 中心位置。

③ 将此时的机械坐标 Z 值输入 G54 坐标系，如图 2-13 所示。

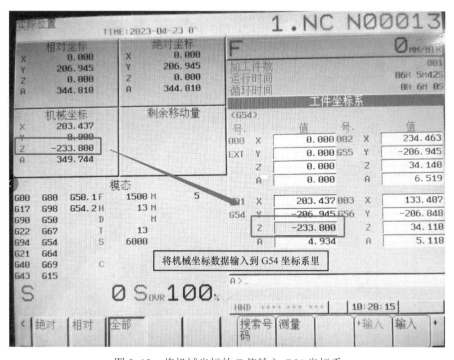

图 2-13　将机械坐标的 Z 值输入 G54 坐标系

9）将 G54 里的 Z 坐标数据减去 1 号刀刀补，即 -233.8+267.890=34.09，并将 34.09 输入进去，如图 2-14 所示。最终结果是执行 G90 G0 G54 G43 H1 Z0 这段代码，1 号刀的刀尖要刚好在旋转中心的 Z0 位置。如果桥板装在旋转中心最中间，且桥板的宽度刚好又是

150，执行 G90 G0 G54 G43 H1 Z75. 代码，1 号刀的刀尖刚好接触桥板竖起来的边。

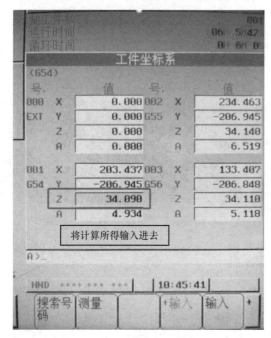

图 2-14　将计算所得 34.09 输入进去

这样，桥板四轴 G54 坐标系的 Z 轴中心就找好了。

第❸章 四轴定面编程 >>>

3.1 四轴定面加工

四轴定面也叫四轴定轴，指的是将旋转轴确定一个角度，然后锁住（也可以不锁）旋转轴当成三轴来加工。四轴定面可以分度加工，优势是自动化程度高，精度高。例如平时使用的装刀片的机夹圆鼻刀就是用四轴定面方法加工的。

3.1.1 定面的方式

在 Mastercam 软件里，定面的方式有 7 种，分别为"依照图形""依照实体面""依照屏幕视图""依照图素法向""相对于 WCS""快捷绘图平面"和"动态"。"平面"功能能在"视图"的子菜单里打开，单击"视图"—"平面"，如图 3-1 所示。

图 3-1 "平面"功能

3.1.2　常用定面方式的含义

在 7 种定面的方式中，前 3 种和最后 1 种能够满足市面上 95% 以上的使用场景，它们代表的含义是：

1）依照图形：众所周知，两条平行线能确定 1 个面，1 个三角形能确定 1 个面，1 个圆形能确定 1 个面。这 3 种情况可涵盖所有的依照图形定面的方式。

2）依照实体面：选择现有的、已经存在的实体面定面的方式定轴加工。

3）依照屏幕视图：当前视图所显示的平面为加工面，一般和快捷键<ALT>+<↑><↓>键配合使用。

4）动态：用鼠标调节角度的方式定面。

后面的内容会围绕这 4 种定面的方式来讲解。

3.2　四轴转台定面编程加工圆鼻刀刀盘

加工圆鼻刀刀盘的工艺就是用四轴转台横向夹持工件，然后加工一个面，接着旋转 3 次得到最终 4 个面都加工的刀盘。

3.2.1　工件摆正

打开素材 3-1（在前言中通过手机扫描二维码下载），笔者故意将工件胡乱摆放在绘图区，如图 3-2 所示。

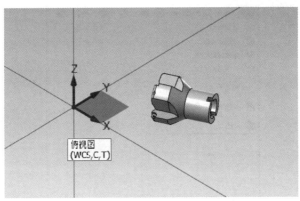

图 3-2　工件在绘图区胡乱摆放

在编程之前需要将工件摆正。具体步骤如下：

1）单击"转换"—"转换到平面"，如图 3-3 所示，选择整个工件。

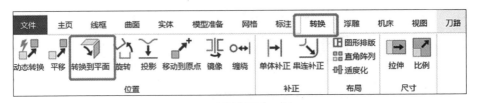

图 3-3　选择"转换到平面"

2）选择"移动"—选择平面—依照图素，单击产品右边端面边界线，如图 3-4 所示。

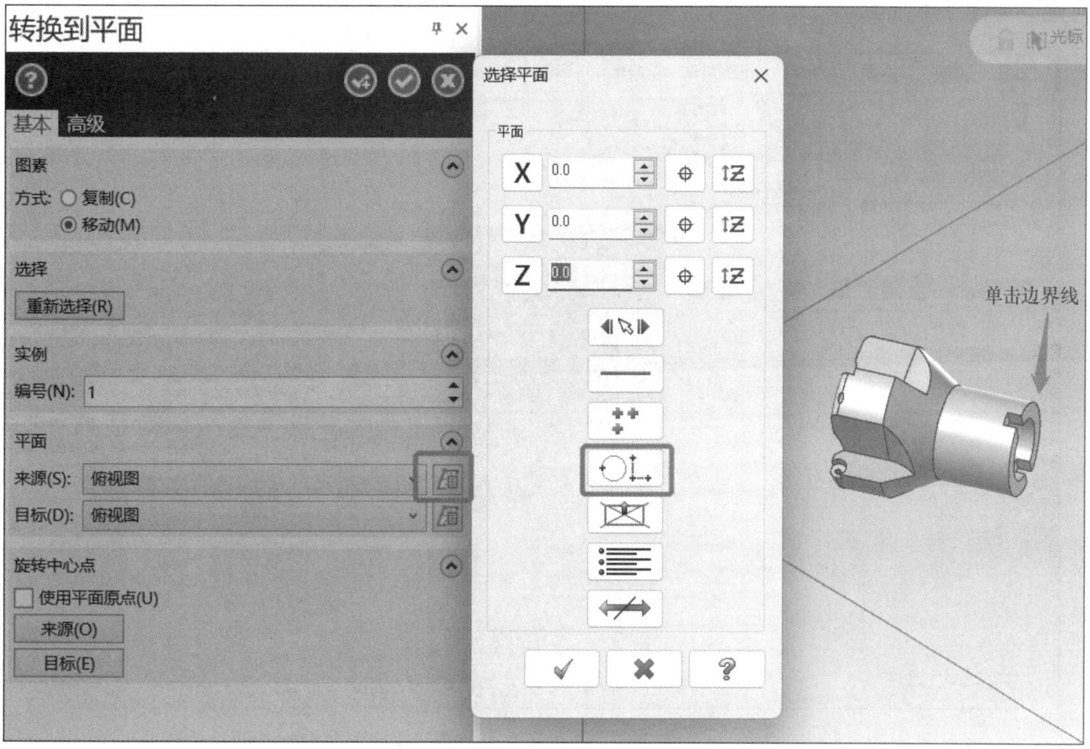

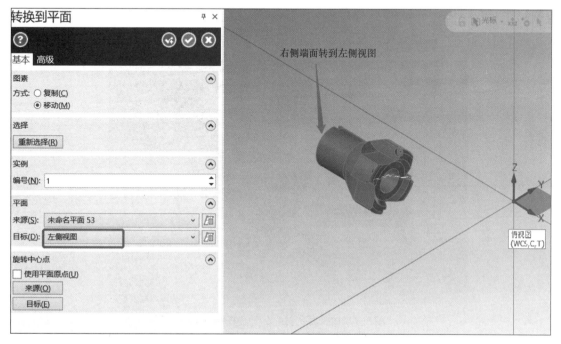

图 3-4　单击工件右边端面边界线

3）目标视图改成"左侧视图"，图形自动转好位置，单击"确定"，如图 3-5 所示。

图 3-5　目标改成左侧视图

4）单击"转换"—"移动到原点"，选择工件右侧端面圆心点，工件会自动移动到原点位置，如图 3-6 所示。

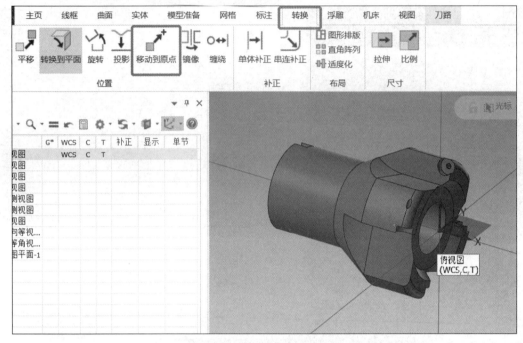

图 3-6　移动到原点位置

这样工件中心就和编程中心在一起，就可以通过定面的方式来编程。

3.2.2　四轴定面

现在可以看到产品摆放在俯视图的时候加工面是斜的，无法直接加工，如图 3-7 所示。

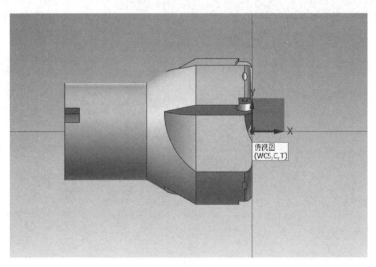

图 3-7　加工面是斜的，无法直接加工

这里需将工件摆成 90°（与加工平面 XY 是垂直关系）。下面提供两个方法：

方法一：旋转图形后编程。将图形围绕右视图进行旋转，使加工面垂直于视图方向，然后编程。具体步骤如下：

1）动态分析平面的夹角是多少：单击"主页"—"动态分析"，选择要加工的面，如图 3-8 所示，夹角是 20.0°。

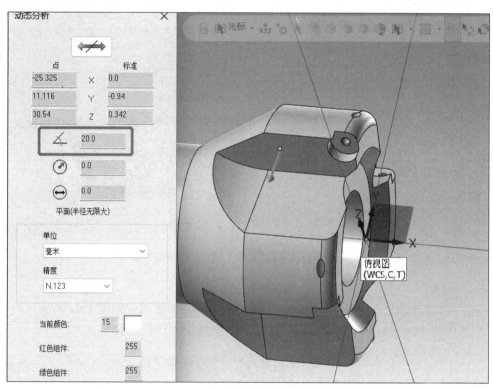

图 3-8　夹角为 20.0°

2）从右视图方向看，这个 20.0°的夹角是该加工面与 Z 轴方向的夹角，如图 3-9 所示，所以顺时针旋转 70°，保证加工面与 XY 平面垂直。

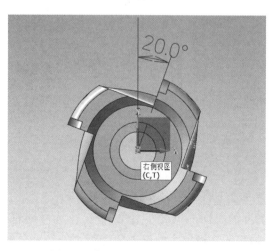

图 3-9　加工面与 Z 轴夹角 20.0°

3）单击"转换—"旋转"，选择工件，旋转 –70.0°，如图 3-10 所示。

图 3-10　围绕右视图顺时针旋转 70.0°，保证加工面朝上

4）将平面俯视图全部点亮，工件加工面正好垂直于 XY 平面，如图 3-11 所示，可以把这个工件当成是三轴产品进行编程加工，然后旋转 A 轴 3 次，每次 90°。

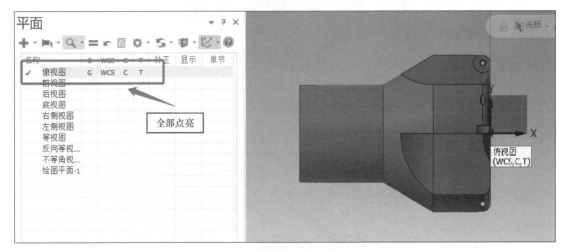

图 3-11　俯视图状态可以直接加工

方法二：直接四轴定面编程加工。具体操作步骤如下：

1）选择刀具工具栏下方的平面，单击左上角"＋"，选择创建的新平面，单击"依照实体面…"，单击要加工的平面，调整方向保证坐标系 X 朝右、Z 朝上，如图 3-12 所示。

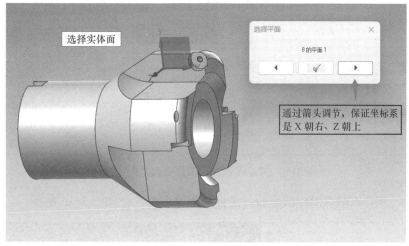

图 3-12　选择要加工的面

2）单击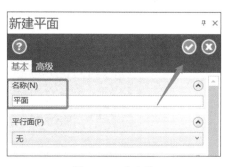确定后可以改名称，如图 3-13 所示。

图 3-13　改名称

3）单击视图"平面"，将后面的"G""WCS""C""T"全部点亮，此时工件会将平面摆正，单击⊘取消按钮，将坐标系清零，如图 3-14 所示。

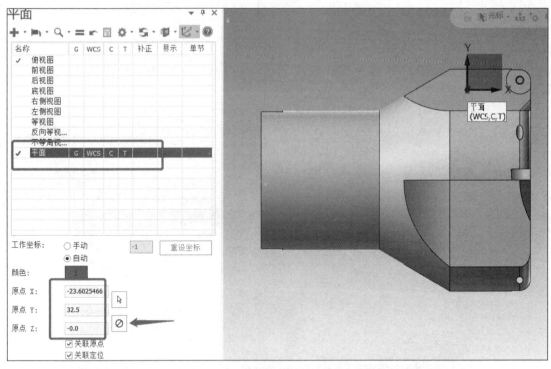

图 3-14 单击平面，取消原点 X、Y、Z 数值

4）将 X、Y、Z 原点坐标清零后，坐标系和原点重合，如图 3-15 所示。

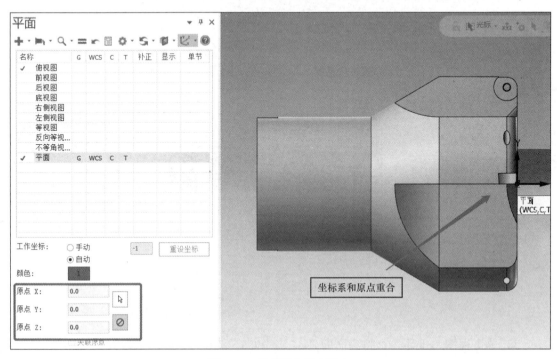

图 3-15 坐标系和原点重合

此时就可以和上一种方法一样，编写三轴程序加工面了，然后旋转 3 次，每次 90°。

四轴定面的原理是软件自动计算要加工平面与俯视图的角度，然后输出程序的时候将 A 轴角度自动计算出来。定面加工运用非常广泛，可以说市面上 85% 以上的产品也只需要定面加工，所以读者必须学会，并且要灵活运用。

3.2.3 定面后编程

定面后编程的具体步骤如下：

1. 提取边界线

新建图层 3，在 3D 状态将要加工的面提取边界线放在图层 3 里，如图 3-16 所示。

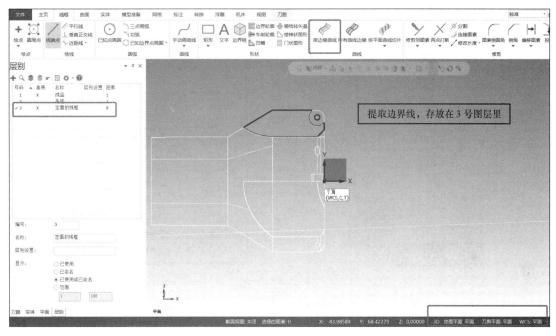

图 3-16　提取边界线，存放在 3 号图层里

2. 修剪线串

单击"线框"—"修剪到图素"，将线串修剪，如图 3-17 所示。

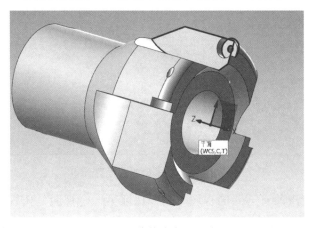

图 3-17　修剪线串方便编程

3. 编写一个区域的加工程序

这里用到的编程加工工艺是 2D 动态粗铣、2D 外形精加工和钻孔攻螺纹，基础参数设置如图 3-18 所示。需要注意的有两点：

1）编程的共同参数设置全部用增量编程。

2）编程的视图是俯视图，刀具平面和绘图平面为定面视图。

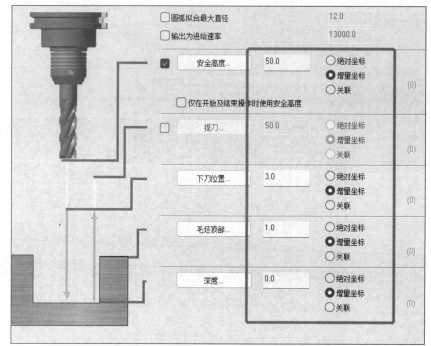

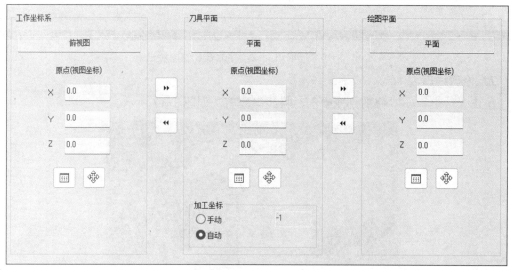

图 3-18 基础参数设置

程序编好后要检查所有刀路的视图方向，保证第一个视图是俯视图，后面两个是定面视图，千万不能错，错了会撞机，如图 3-19 所示。

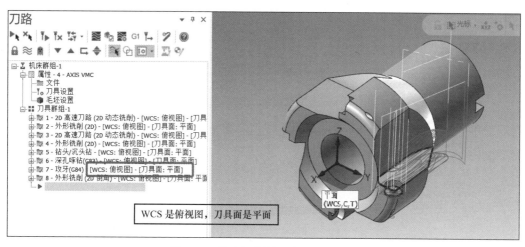

图 3-19　检查视图是否有漏选或错选

3.3　四轴定面路径转换

刀路编好后，只需要围绕右视图旋转 3 次就可以完成 4 份的编程。具体步骤如下：

1）单击"刀路"—"刀路转换"，选择所有刀路作为转换的原始操作，围绕右视图旋转 3 次，每次 90°，如图 3-20 所示。需要注意的是旋转的"方式"是"刀具平面"，"旋转视图"是"右侧视图"或者"左侧视图"。

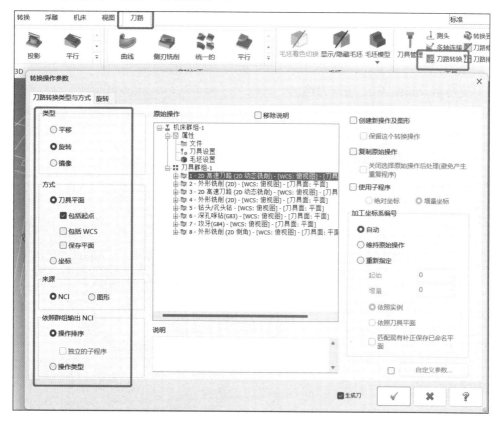

图 3-20　路径转换，围绕右视图旋转 3 次

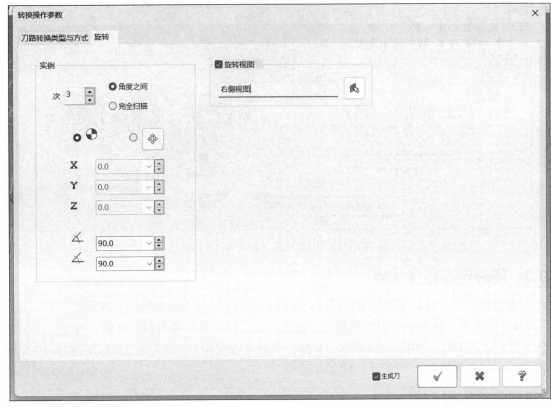

图 3-20　路径转换，围绕右视图旋转 3 次（续）

2）旋转后得到图 3-21 所示刀路。

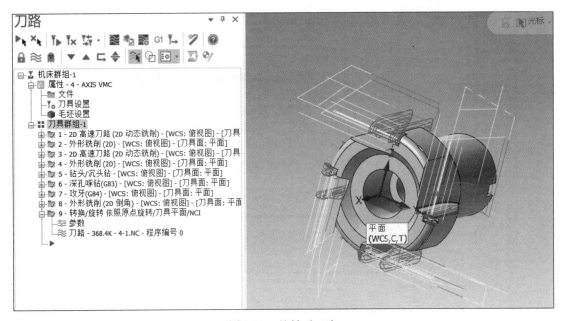

图 3-21　旋转后刀路

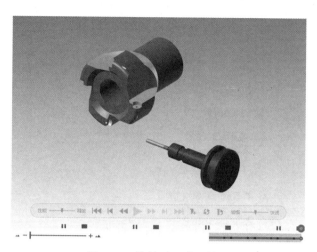

图 3-21 旋转后刀路（续）

3）刀路生成后，单击"G1"，选择四轴后处理，将程序保存到指定文件夹（笔者习惯在桌面上创建一个文件名为 NC 的文件夹保存 NC 文件），打开 NC 文件搜索"G55"，正常会出现 G55，如图 3-22 所示。

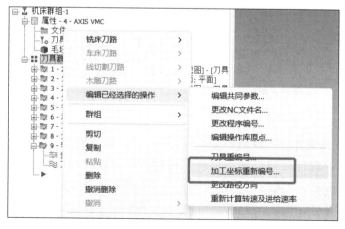

图 3-22 程序里出现 G55

4）右击"刀具群组"，单击"编辑已经选择的操作"—"加工坐标系重新编号 ..."，将弹出的"加工坐标系重新编号"对话框里的"加工坐标系编号增量"设为 0，默认为 1，如图 3-23 所示。这样修改后，后处理出来的 NC 程序只有一个坐标系 G54。

图 3-23 将加工坐标系编号增量设为 0

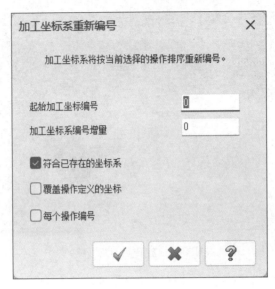

图 3-23 将加工坐标系编号增量设为 0（续）

3.4 西莫科软件仿真四轴程序

3.4.1 用"西莫科"模拟刀路

一般四轴程序生成后要用"西莫科"进行模拟，看看刀路位置是否有误。具体步骤如下：

1）单击"平面"，视图都改成"俯视图"，保存图档到桌面，文件扩展名为"stl"，如图 3-24 所示。

图 3-24 视图改成俯视图状态

保存的时候注意文件名不能用中文，只能用数字，比如此次保存的文件名为 222.stl。

2）打开西莫科软件，将后处理的程序拖进西莫科软件，单击"仿真"—"窗口文件仿真"— ▨（加载实体模型），选择刚刚保存的 222.stl 文件，如图 3-25 所示。

3）加载实体模型后发现刀路所在的位置与工件不吻合，如图 3-26 所示。

4）单击设置按钮，勾选"按照最短角度方向转动"，如图 3-27 所示。

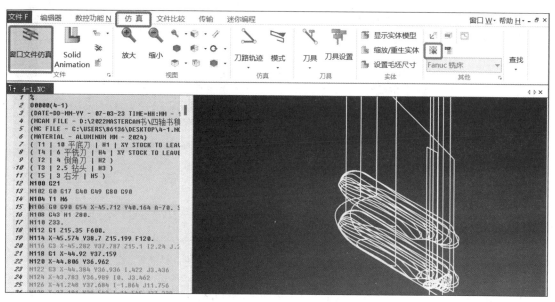

图 3-25　打开西莫科软件，加载实体模型

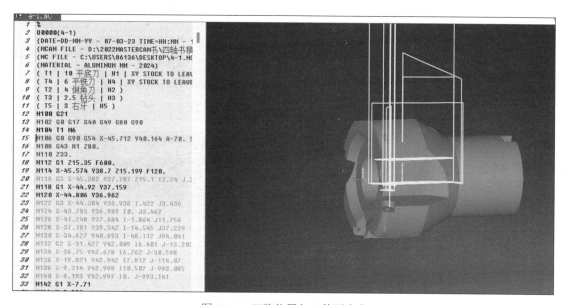

图 3-26　刀路位置与工件不吻合

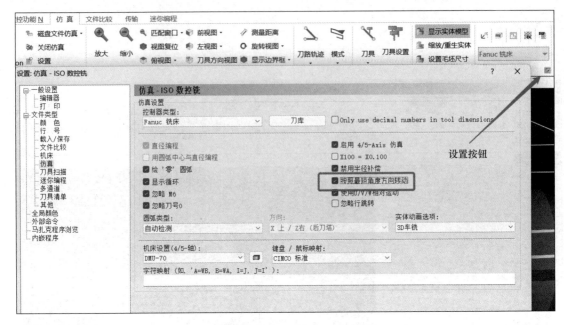

图 3-27　单击设置按钮，勾选"按照最短角度方向转动"

5）单击编辑机床配置 ▣—"增加"，名称命名为"4X"（可以填写任意名称），单击"确定"，如图 3-28 所示。

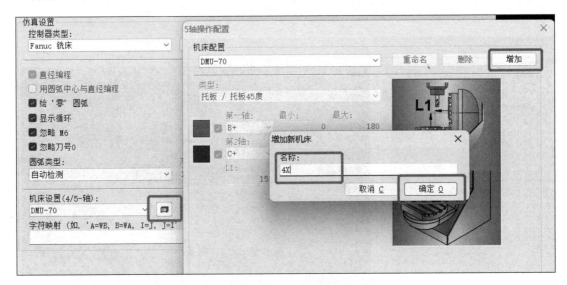

图 3-28　添加四轴机床

6）再次单击编辑机床配置 ▣，找到刚刚添加的"4X"机床，设置"类型"为"托板 / 托板"，设"第一轴"为"A−"（如果是顺时针的转台就设置为"A+"）、"最小"为"−99999"、"最大"为"99999"，L1 和 L2 均设为 0，单击"确定"，如图 3-29 所示。

7）此时刀路和工件就能吻合在一起，如图 3-30 所示。如果不吻合或者有其他情况发生，那就是编程不对，千万不能上机，调整好程序后再模拟，正确后方能上机加工。

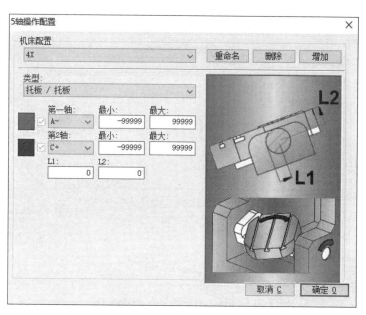

图 3-29　设置四轴机床文件

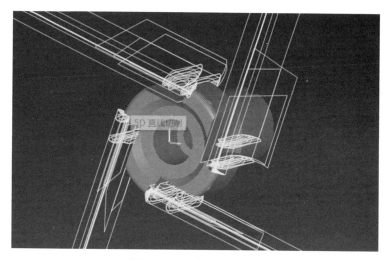

图 3-30　刀路和工件吻合

3.4.2　用"西莫科"软件输出后处理程序

用"西莫科"软件输出后处理程序的步骤如下：

1）单击"文件"—"配置"，在弹出的"系统配置"对话框中单击"启动/退出"，"编辑器"选择"CIMCO"，如图 3-31 所示。

2）正常情况下就能直接用西莫科软件打开了。若出现打开的西莫科软件缺少"仿真"按钮，如图 3-32 所示，则需要将安装的西莫科软件的所有内容替换掉 Mastercam 自带的西莫科目录。

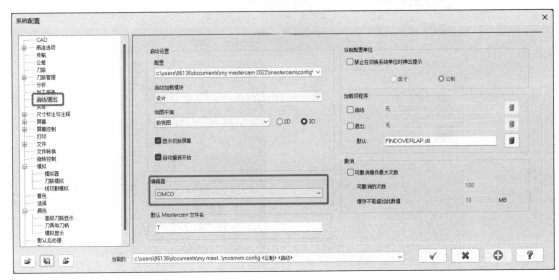

图 3-31 选择"编辑器"为"CIMCO"

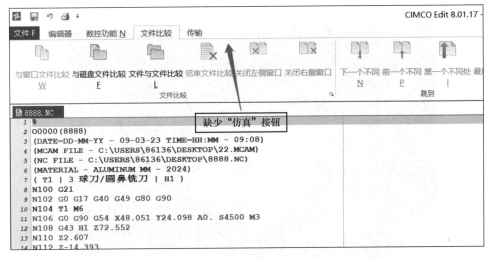

图 3-32 缺少"仿真"按钮

3）右击桌面上安装好的"CIMCOEdit8"图标（读者可提前安装好），打开文件所在的位置，找到西莫科文件夹目录，如图 3-33 所示（读者有可能不是这个目录，总之就是找到单独安装的西莫科文件）。

4）右击桌面上的 Mastercam 图标，打开文件所在的位置，找到 Mastercam 的文件夹目录，打开 common 文件夹，如图 3-34 所示。

5）依次单击"Editors"—"CIMCOEdit8"文件夹，如图 3-35 所示。

6）将图 3-33 中找到的文件全部复制并替换图 3-35 中打开的西莫科文件。这样 Mastercam 软件 G1 生成的程序直接用西莫科打开就能有"仿真"按钮，如图 3-36 所示。

图 3-33　找到西莫科文件夹目录

图 3-34　找到 Mastercam 的文件夹目录，打开 common 文件夹

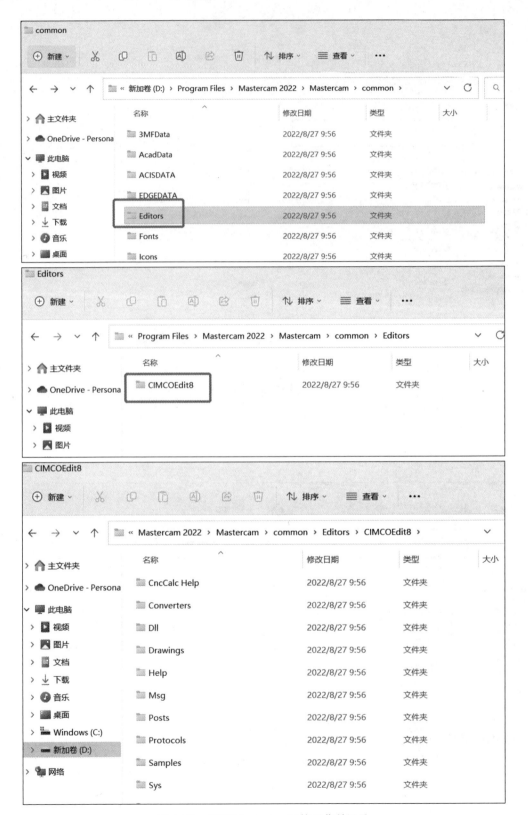

图 3-35 打开 Mastercam 里的西莫科目录

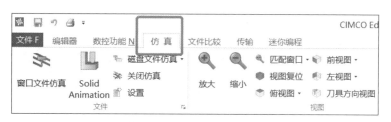

图 3-36　再次打开后有"仿真"按钮

3.5　异形工件在桥板任意位置的编程

打开素材 3-2，如图 3-37 所示。工艺安排为先用四轴机床加工 A、B、C 三个面，最后用三轴机床加工 D 面。

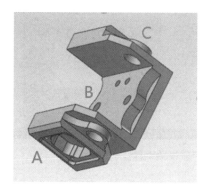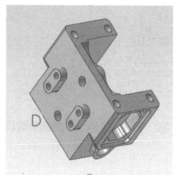

图 3-37　需要加工的工件

用桥板四轴加工该工件的具体步骤如下：

1）将工件在桥板四轴上固定好，并找到工件的位置，在 Mastercam 上移动到位，也就是软件上的位置和实际摆放位置要保持一致，如图 3-38 所示。

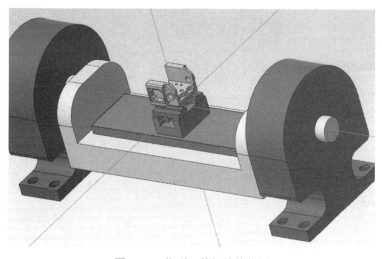

图 3-38　找到工件摆放的位置

2）使用前视图编程，如图 3-39 所示。

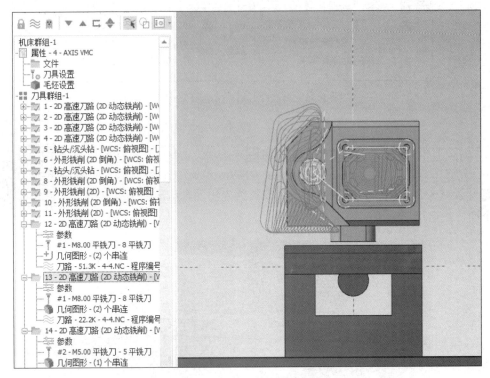

图 3-39　使用前视图编程

3）后视图的位置使用依照实体面定面的方法定面并编程，如图 3-40 所示。

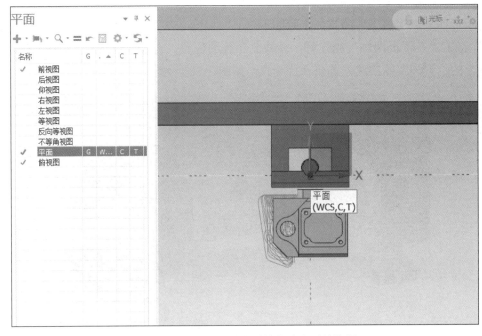

图 3-40　依照实体面定面的方法定面并编程

4）按照俯视图方向编程，如图 3-41 所示。

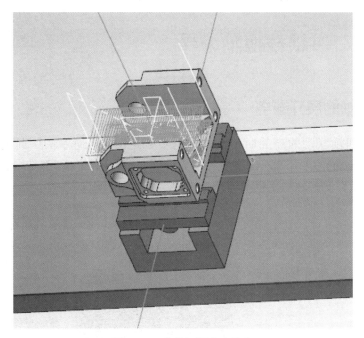

图 3-41　在俯视图方向编程

四轴定面编程总结：

1）四轴常用的定面方法为"依照实体面定面"，定的面与俯视图的关系必须是围绕 X 轴旋转。

2）定面后一定要将坐标系清零，使定面的坐标系和 G54 坐标系重合。

3）刀路转换的旋转要使用刀具平面。

4）前视图和俯视图可以直接使用，其他视图不能直接使用，必须定面。

5）如果定面出来有很多坐标系，则右击"刀具群组"，统一将加工坐标系设置为 G54。

第❹章 四轴替换轴编程 >>>

4.1 替换轴的展开缠绕

在加工四轴联动的产品时，遇到的大多数是图 4-1 所示的圆弧槽产品。从 Mastercam 9.1 开始，加工这种槽类零件，转台四轴加工都是用替换轴的方法，所以替换轴加工槽类零件是必须学会的知识。

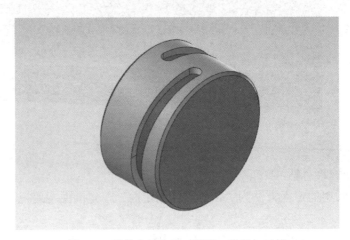

图 4-1　圆柱上缠绕着 1 道槽，需要加工槽

在四轴加工里，替换轴的意思是将原有的 Y 轴用 A 轴替换，生成的程序代码也是 XZA 三轴联动的，之前生成的 XYZ 的程序代码会变成 XZA。其原理是先将原有的圆柱体上面的线展开成二维平面图形，接着在平面图形上编刀路，然后将刀路再缠绕在原有的圆柱体上。具体操作步骤如下：

1）分析加工槽的底部直径，得到底部直径是 90.0mm，如图 4-2 所示。

2）提取槽底部加工面边缘线：新建图层，单击"线框"—"所有曲线边缘"，单击要加工的槽底面，如图 4-3 所示。

3）展开线：在俯视图状态，单击"转换"—"缠绕"，选择刚提取的边缘线，在"缠绕"对话框中分别按要求设置，如图 4-4 所示，图中画方框的位置都要设置准确，尤其是直径和角度不能错。

4）单击"图层"—"隐藏实体所在图层"—"仅显示线框图层"，编写 2D 斜插刀路使用 φ6mm 平刀，设置共同参数全部为增量坐标，如图 4-5 所示。

5）缠绕刀路：单击"轴控制"—"旋转轴控制"，选择"旋转方式"为"替换轴"，单击"替换 Y 轴"，"旋转轴方向"选择"顺时针"，"旋转直径"输入 90，不勾选"展开"，如图 4-6 所示。

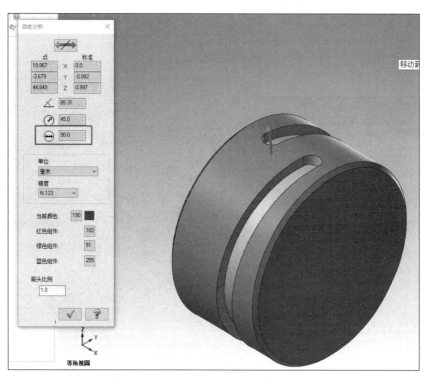

图 4-2　动态分析得到该槽底部直径是 90.0mm

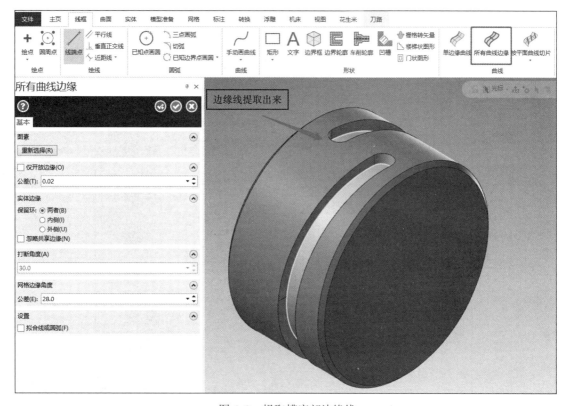

图 4-3　提取槽底部边缘线

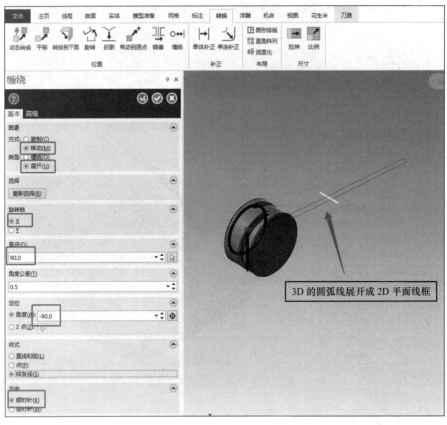

图 4-4　3D 的圆弧线展开成 2D 平面线框

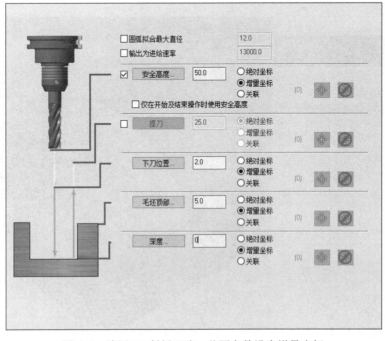

图 4-5　编写 2D 斜插刀路，共同参数设为增量坐标

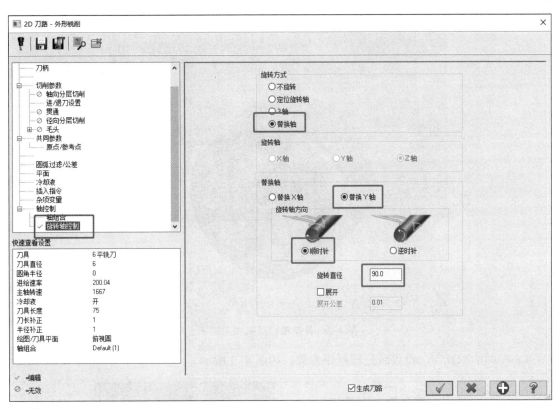

图 4-6　替换轴设置旋转轴控制

6）刀路缠绕在工件上，如图 4-7 所示。

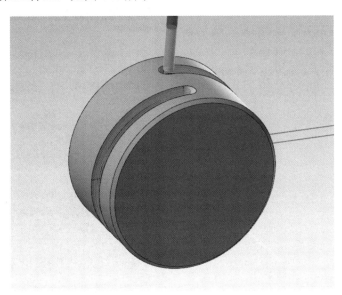

图 4-7　刀路缠绕在工件上

7）模拟加工结果，如图 4-8 所示。

图 4-8   替换轴槽模拟加工完毕

8）单击"G1"，设置后处理程序参数，如图 4-9 所示。

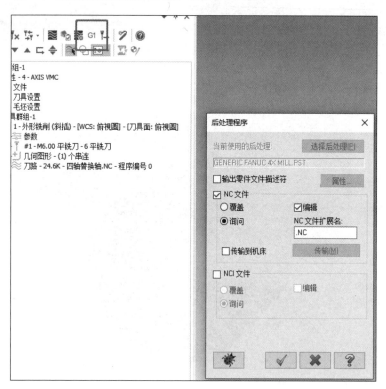

图 4-9   设置后处理程序参数

9）用西莫科打开程序，单击"仿真"—"窗口文件仿真"，发现刀路乱七八糟，如图 4-10 所示。

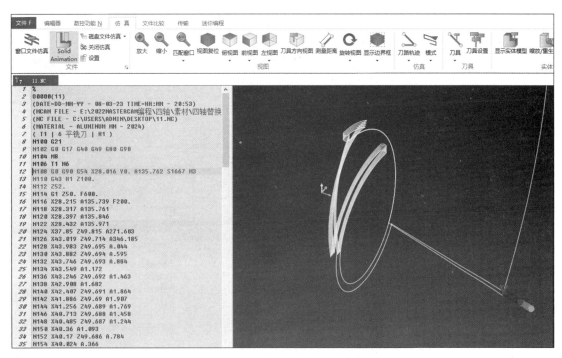

图 4-10　程序刀路乱七八糟

刀路乱七八糟是因为图的原因，如图 4-11 所示，刀具需要将 A 拐角走完，然后再一路加工到 B 拐角，而 A、B 拐角直接连接过去是最近的，刀路会按照最近原则生成。

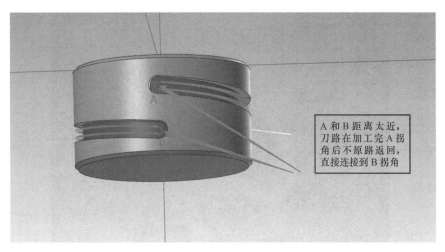

图 4-11　刀路两个拐角离得很近

如何解决直接连过去的问题：单击"共同参数"，选择"圆弧过滤 / 公差"，勾选"平滑设置"，"线段长度"输入 0.5，如图 4-12 所示。

打开圆弧过滤公差里线段长度的意思是，将刀路强制打断，按照节点 0.5mm 的步距重新生成刀路，保证不直接按照最近点连接。这样生成的刀路就没有问题，如图 4-13 所示。

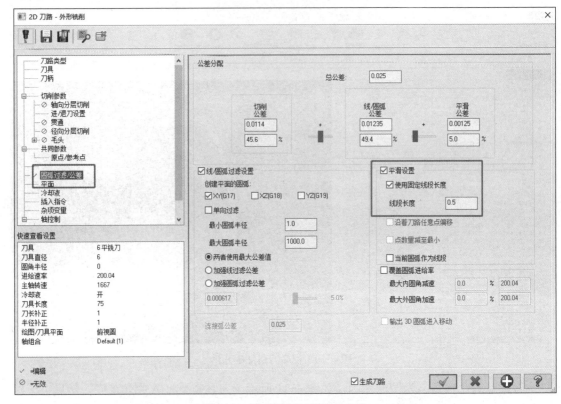

图 4-12　设置圆弧过滤公差参数

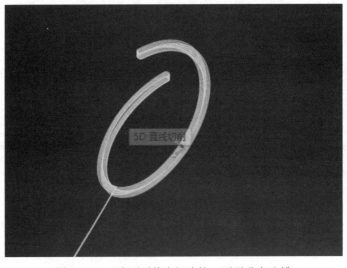

图 4-13　刀路不再从中间连接，不再乱七八糟

替换轴编程技术总结：

1）提取线、展开线都在俯视图状态进行。

2）替换轴是替换 Y 轴，顺时针，角度为 −90°，所选择的加工边缘线是图形圆弧底面边缘。

3）如果图形拐角离得近，需要勾选"圆弧过滤 / 公差"里的"平滑设置"。

4.2 替换轴的路径转换

如图 4-14 所示圆环零件，底部是圆弧面，有 4 等分。工艺安排是需要用替换轴针对一个区域做粗加工以及精加工，然后再将刀路围绕右视图旋转 3 次，每次 90°。

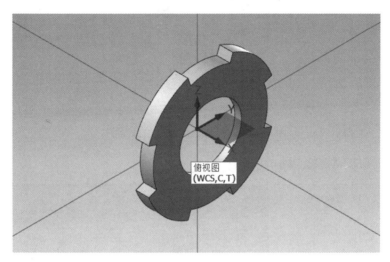

图 4-14 圆环零件

具体操作步骤如下：

1）提取边缘线：在俯视图 3D 状态，单击"线框"—"所有曲线边缘"，将边缘线提取出来，如图 4-15 所示。

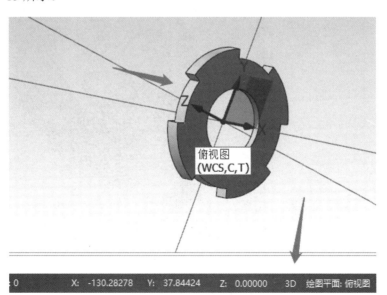

图 4-15 将边缘线提取出来

2）单击"转换"—"缠绕"，选择上一步创建的边缘线，勾选"展开"，输入直径和角度为 -90，得到图 4-16 所示的 2D 平面线。

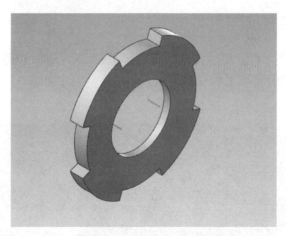

图 4-16   将边缘线展开至 2D 平面

3）生成 2D 动态剥铣的刀路，如图 4-17 所示。

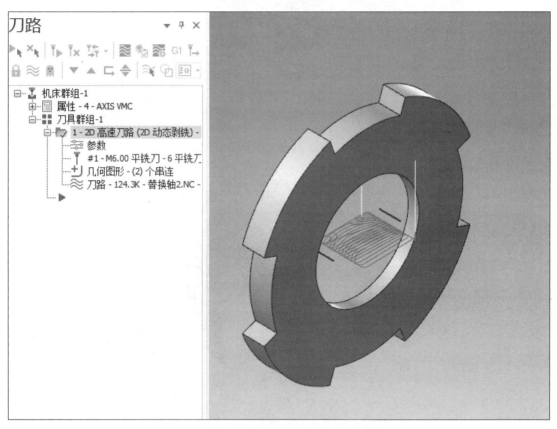

图 4-17   2D 动态剥铣刀路

4）将刀路缠绕在工件上，如图 4-18 所示。

5）单击"刀路"—"刀路转换"，选择第 3）步生成的剥铣刀路，具体参数设置如图 4-19 所示。替换轴刀路是将 A 代码替换原来程序里的 Y，编程也是将 2D 平面的刀路缠绕在圆柱面上。展开 2D 线之后再平移 3 次，同时生成刀路，再一起缠绕到圆柱面上也是可以的。所以替换轴的路径转换是平移，而不是旋转。这点非常重要，希望做好笔记。

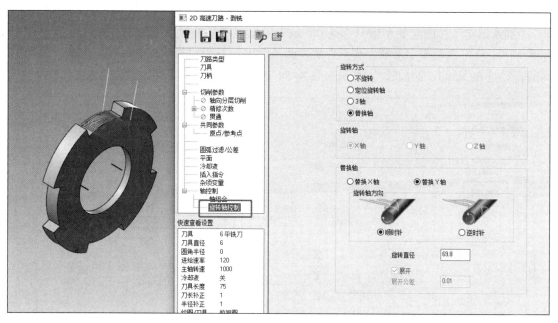

图 4-18　将刀路缠绕在工件上

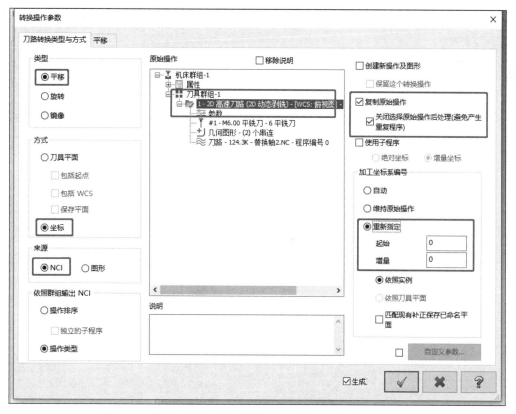

图 4-19　选择刀路为 1 号，设置为"平移""坐标""NCI"

其中，勾选"复制原始操作"里的"关闭选择原始操作后处理（避免产生重复程序）"，可以将原先的刀路关闭后处理。

"重新指定"里的起始和增量都是 0，是为了保证路径转换后不出来 G55/G56 等多个坐标系。"平移"选项卡中参数"到点"Y 设为 54.793，是由周长除以份数算出来的（要加工面的直径是 69.8mm，而周长 =69.8mm× π/4=54.793mm），生成刀路，如图 4-20 所示。

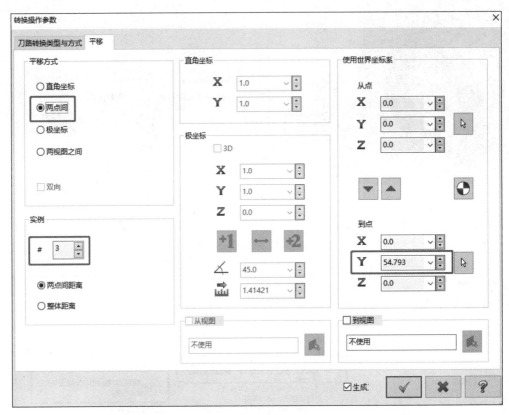

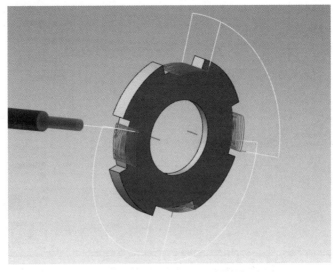

图 4-20 替换轴刀路被复制 3 份

4.3　四轴后处理 F 代码杂乱问题处理

将刚生成的刀路经后处理后用西莫科打开，位置刚好和实体吻合，如图 4-21 所示。

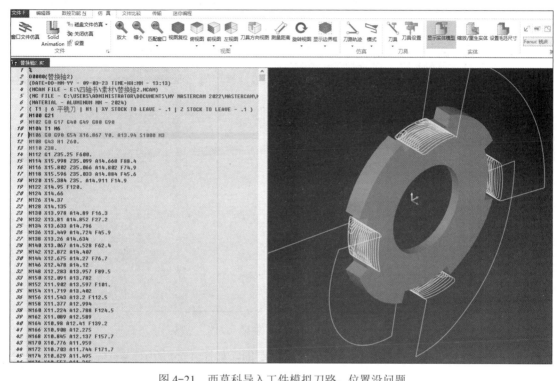

图 4-21　西莫科导入工件模拟刀路，位置没问题

此时发现生成的程序进给 F 值有很多，且毫无规律，如图 4-22 所示。

```
N102 G0 G17 G40 G49 G80 G90
N104 T1 M6
N106 G0 G90 G54 X16.867 Y0. A13.94 S1000 M3
N108 G43 H1 Z60.
N110 Z38.
N112 G1 Z35.25 F600.
N114 X15.998 Z35.099 A14.668 F88.4
N116 X15.802 Z35.066 A14.802 F74.9
N118 X15.596 Z35.033 A14.884 F45.6
N120 X15.384 Z35. A14.911 F14.9
N122 X14.95 F120.
N124 X14.66
N126 X14.37
N128 X14.135
```

图 4-22　F 值毫无规律

只需单击"机床"—"机床定义"—（控制定义），如图 4-23 所示，找到"控制器选项"里的"进给速率"—"铣床"，"旋转"设成"单位 / 分钟"，单击 ☑ 确定，保存成功。

图 4-23　设定旋转方式为"单位 / 分钟"

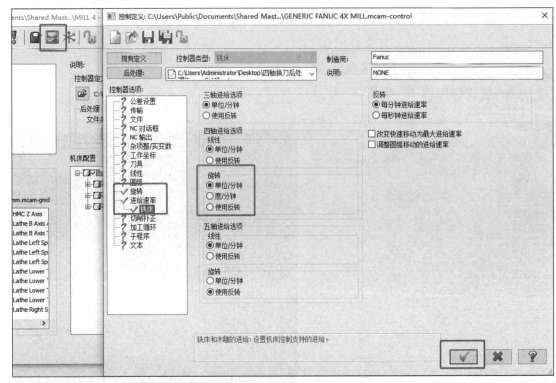

图 4-23 设定旋转方式为"单位 / 分钟"（续）

此时再后处理程序，生成的代码 F 值就是固定的，如图 4-24 所示。

```
N104 T1 M6
N106 G0 G90 G54 X16.867 Y0. A13.94 S1000 M3
N108 G43 H1 Z60.
N110 Z38.
N112 G1 Z35.25 F600.
N114 X15.998 Z35.099 A14.668 F120.
N116 X15.802 Z35.066 A14.802
N118 X15.596 Z35.033 A14.884
N120 X15.384 Z35. A14.911
N122 X14.95
N124 X14.66
N126 X14.37
N128 X14.135
N130 X13.978 A14.89
N132 X13.81 A14.852
N134 X13.633 A14.796
N136 X13.449 A14.724
```

图 4-24 F 值固定

4.4 替换轴精加工底面

所有圆柱面的底面是可以直接用替换轴来编程的，并不一定要进行展开缠绕的工作。具体步骤如下：

1）将原图复制在新建图层里。

2）为了刀具能够完全加工到位，将图形往两侧各推拉 3mm，如图 4-25 所示。

3）编写用 ϕ4mm 铣刀加工的 2D 挖槽刀路，粗切为双向 0.2mm 步距（一般步距为 0.2 ～ 0.3mm），全部增量编程，在"旋转轴控制"中勾选"展开"，然后单击 ✔️ 确定，生成刀路，如图 4-26 所示。

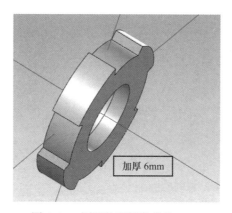

图 4-25　图形往两侧各推拉 3mm

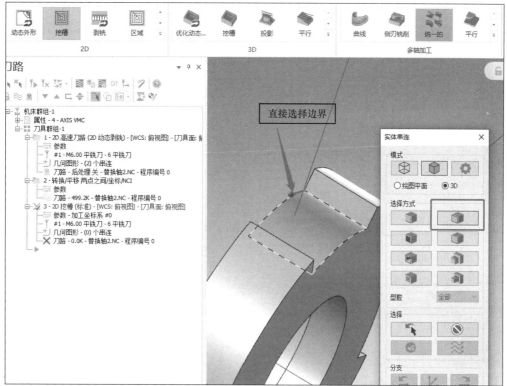

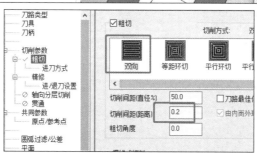

图 4-26　替换轴精加工设置

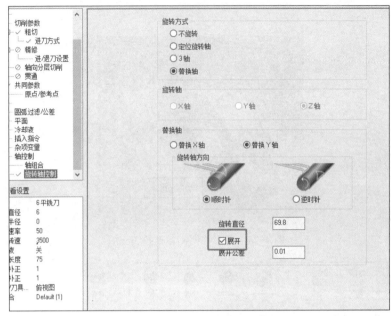

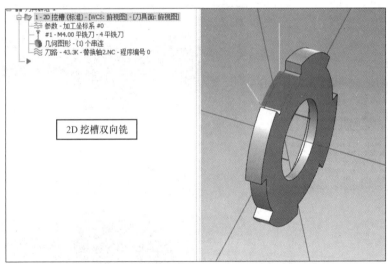

图 4-26　替换轴精加工设置（续）

替换轴路径转换技术总结：

1）替换轴的路径转换用的是平移功能。

2）转换参数的方式是坐标。

3）平移的长度是在 Y 里输入"所要加工圆的周长÷次数"的值。

4）替换轴精加工使用双向挖槽，步距一般 0.2～0.3mm。

5）替换轴精加工可以直接使用实体边界，在"旋转轴控制"里需勾选"展开"。

第❺章　四轴钻孔

5.1　在圆柱面上加工孔

如图 5-1 所示,在圆柱面和圆锥面上分别钻 16×φ10mm 孔。工艺安排为圆柱直接钻孔,圆锥先铣平,再钻孔。

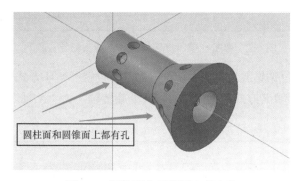

图 5-1　圆柱面和圆锥面上都有孔

在圆柱面上钻孔的具体步骤如下:

1)单击"刀路"—"钻孔",单击孔壁,会出现一个绿色箭头,箭头有时朝内,有时朝外,单击箭头根部,使箭头朝外(也可以不单击)。按顺序将其他孔挨个单击一遍(因为孔的直径是一样的,可按住 <Ctrl> 键并单击孔壁,将孔全部选中),如图 5-2 所示。

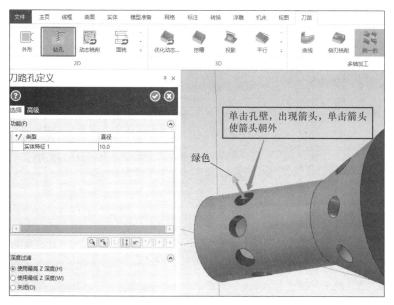

图 5-2　单击孔壁,出现箭头,将箭头朝外

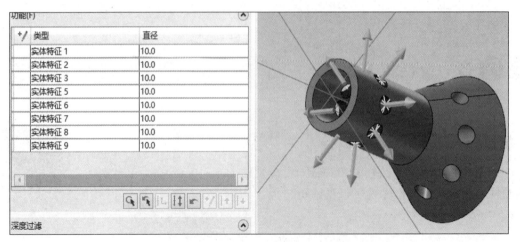

类型	直径
实体特征 1	10.0
实体特征 2	10.0
实体特征 3	10.0
实体特征 5	10.0
实体特征 6	10.0
实体特征 7	10.0
实体特征 8	10.0
实体特征 9	10.0

图 5-2　单击孔壁，出现箭头，将箭头朝外（续）

2）选择φ6mm 定位钻钻孔，单击"切削参数"，设置"循环方式"为"钻头/沉头钻"；设置"刀轴控制"的"输出方式"为"4 轴"，"旋转轴"为"X 轴"；设置"共同参数"，如图 5-3 所示。

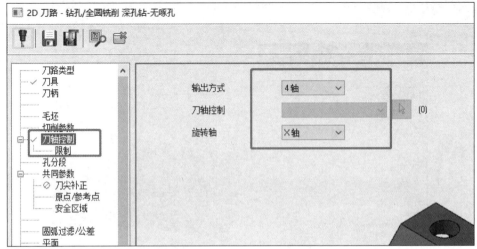

图 5-3　四轴钻孔的参数设置

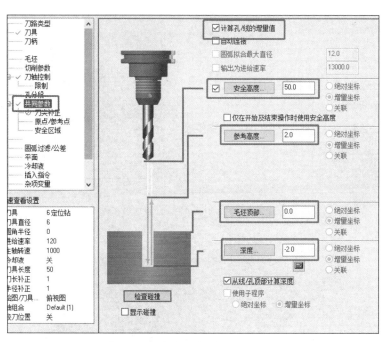

图 5-3 四轴钻孔的参数设置（续）

3）此时得到的结果应该是在圆柱面上往中心钻深度为 2mm 的小孔，但是刀路却是乱七八糟的，如图 5-4 所示。

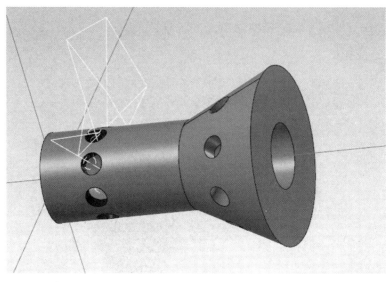

图 5-4 刀路乱七八糟

4）单击"刀具群组 -1"—"图形：（8）个图素"，将反向的箭头重新单击一遍，保证都朝外，如图 5-5 所示。

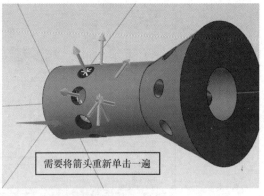

需要将箭头重新单击一遍

图 5-5　将反向的箭头都朝外

5）确定之后得到钻孔方向正确的刀路，如图 5-6 所示。但有一条刀路直接从中间连过去，可能会造成撞机。

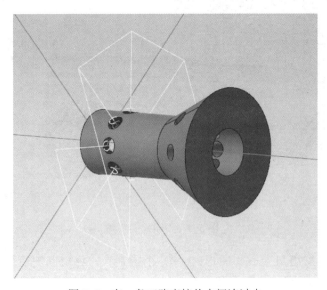

图 5-6　有一条刀路直接从中间连过去

6）单击"刀具群组"—"图素"，设"选择的顺序"为"点到点"，选择绘图区内需要加工的第一个点，如图5-7所示，单击 ☑ 按钮。

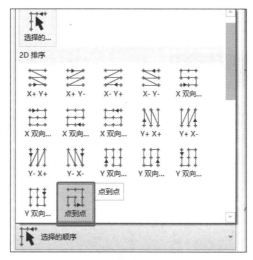

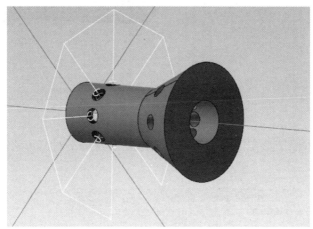

图 5-7　选择刀路排序

如果不选择排序，钻孔的刀路不会从中间连过去，只会出现第 1 个孔钻完跳过去加工第 3 个孔，然后再返回加工第 2 个孔的情况。

钻小孔刀路生成后，只需复制，然后改成钻头，将共同参数里的深度改一下，就可以得到钻孔的刀路。

5.2　在圆锥面上加工孔

若直接在圆锥面上钻孔，会使钻头折断。此时有两种方法可以解决：

1）将高速钢铣刀磨成平底钻的形状去钻孔，适合要求不高、铝合金等材料偏软的产品。

2）将孔口铣成平面，然后钻孔。具体操作步骤如下：

①单击"模型准备"—"孔轴"，勾选"圆"，将圆锥面上的孔口上方提取出圆，如图5-8所示。

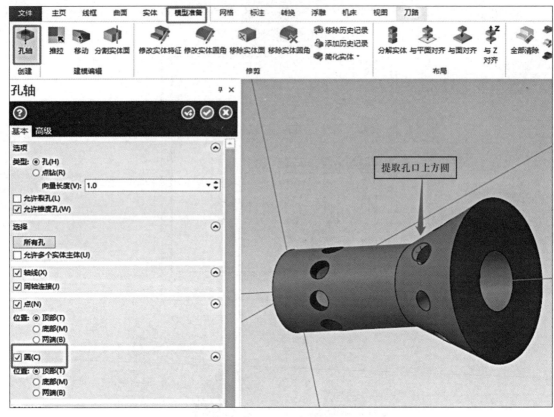

图 5-8　提取孔口上方圆

②定面。可以依照图形定面，如果依照图形定面角度不对，那就得用重新做面的方法定面，如图 5-9 所示。

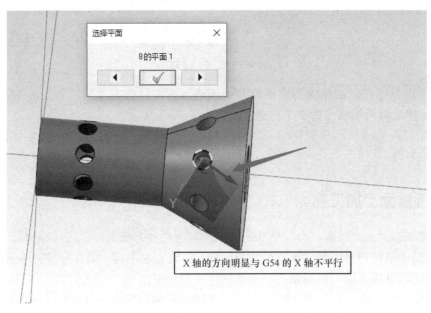

图 5-9　依照图形定面得到的方向不对且无法调整

③单击"曲面"—"平面修剪"—串连圆线框，得到四周圆形的平面，如图 5-10 所示。

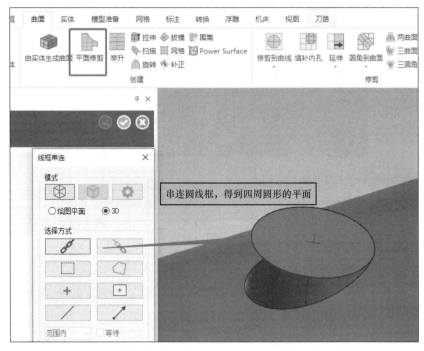

图 5-10　平面修剪得到一平面

④依照图形定面，得到平面，如图 5-11 所示。

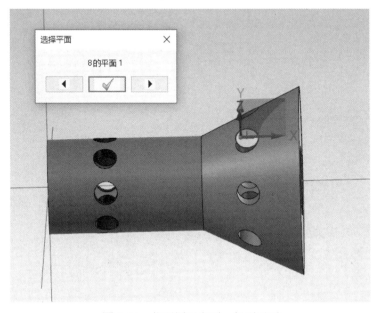

图 5-11　依照图形定面，得到平面

⑤在定面的视图上编写一个外形斜插的刀路，刀具使用 ϕ6mm 的平底刀，全部用增量编程，加工出一个平面，如图 5-12 所示。

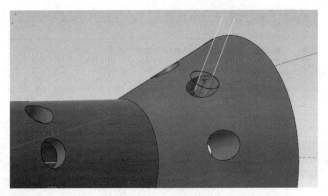

图 5-12　外形斜插加工出一个平面，方便后续钻孔

⑥在刀路转换里围绕右视图旋转 7 次，然后按照之前四轴钻孔的方法钻孔。

如果图形刚好是俯视图，有现成的孔，可不需要再去定面，而是直接用俯视图编程加工。

四轴钻孔技术总结：

1）选择"刀轴控制"为"四轴"，"旋转轴"为"X 轴"。

2）全部用增量编程。

3）尽量选择实体编程。

第6章 四轴联动基础命令讲解 >>>

6.1 刀轴控制

打开素材 6-1 刀轴控制，可以看到直接用倒角刀在线上面刻一条线，上方会有干涉，必须将刀具倾斜一点才行，如图 6-1 所示。

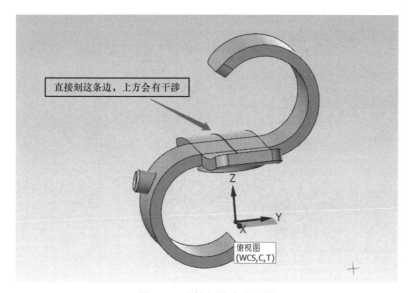

直接刻这条边，上方会有干涉

图 6-1 直接刻线会有干涉

思路是将刀具倾斜一个角度，保证刀具能够斜着进去加工，如图 6-2 所示。

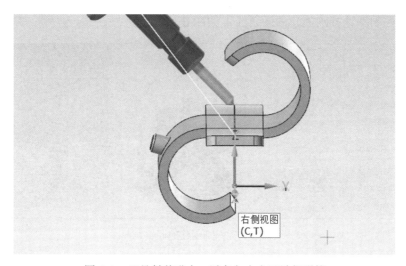

图 6-2 刀具斜着进去，避免与上方干涉相碰撞

这样就要使用刀轴控制的技巧来引导刀具进行"拐弯"，避让开干涉。刀轴控制的方法具体如下：

1）直线：画倾斜线引导刀轴。

2）曲面：垂直于曲面。

3）从点：刀轴从哪里开始。

4）到点：刀轴到哪里结束。

5）曲线：在斜上方方向引导刀轴。

各刀轴控制用法的具体操作如下：

1）直线：创建一条直线，直线指向哪个方向，刀轴就指向哪个方向。

① 在需要刻线的曲面表面绘制带角度的直线，如图 6-3 所示。

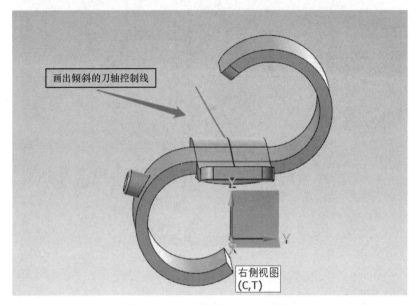

图 6-3　画出倾斜的刀轴控制线

② "刀轴控制"选择刚创建的倾斜线，如图 6-4 所示。

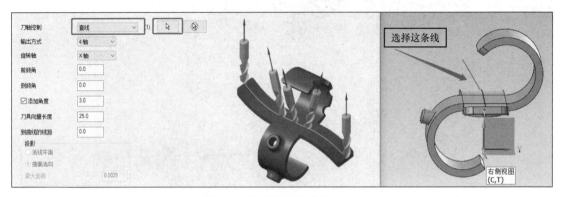

图 6-4　选择刚创建的倾斜线

③ 生成刀路，刀轴沿着画好的刀轴引导线，如图 6-5 所示。

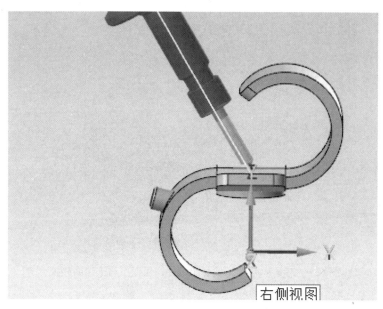

图 6-5　刀轴沿着引导线

2）曲面：刀轴垂直于选择的曲面，可以加侧倾角，使刀轴往指定方向倾斜。"刀轴控制"选择曲面，选择 3 个曲面为引导曲面，设置"侧倾角"，如图 6-6 所示。如果不设置角度，刀轴就垂直于所选择的曲面。

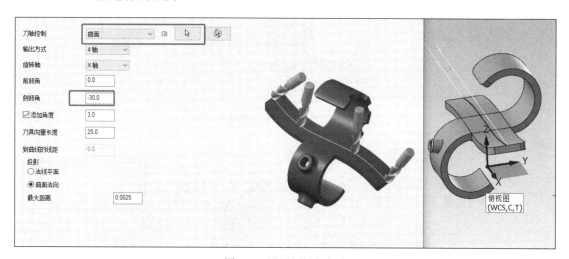

图 6-6　设置侧倾角角度

3）从点：刀具从指定点出发开始，引导刀轴不碰撞。刀轴控制选择点 A，保证刀具在接触工件时上方不碰干涉面，如图 6-7 所示。

4）到点：刀具刀轴线的延长线指向 B 点。和从点的原理一样，如图 6-8 所示。

5）曲线：在加工面上方画一条曲线，引导刀具加工时对干涉面进行避让。如图 6-9 所示。

刀轴控制技术总结：通过合理地控制刀轴的走向，让刀具对工件的加工面和干涉面进行避让。

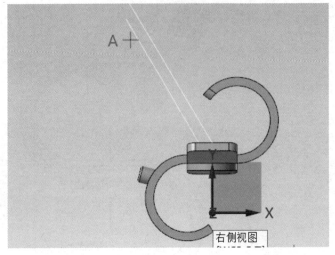

图 6-7　刀具从点 A 出发加工工件，保证不与干涉面碰撞

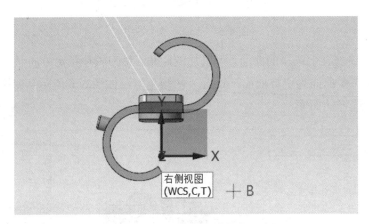

图 6-8　刀具刀轴延长线指向 B 点

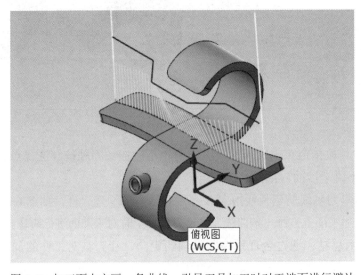

图 6-9　加工面上方画一条曲线，引导刀具加工时对干涉面进行避让

6.2　多轴命令：曲线联动倒角

在多轴加工中，多轴曲线通常使用在多轴联动倒角、曲面加工刻字上，可以联想为 2D 外形铣的功能，都是串连线框加工，只是多轴曲线可以联动加工。

打开素材 6-2 多轴曲线，在加工四轴类产品时，经常会遇到切除一块料之后需要去除毛刺或者倒角，如图 6-10 所示。

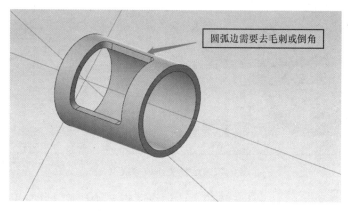

图 6-10　需要去除毛刺或倒角

由于该圆形框边缘是在圆柱面上，所以必须用四轴联动来倒角，最佳方案就是用多轴曲线功能。具体操作步骤如下：

1）单击"刀路"—"曲线"—创建 ϕ6mm 倒角刀，如图 6-11 所示。

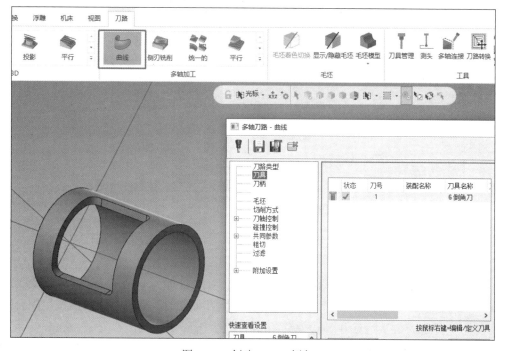

图 6-11　创建 ϕ6mm 倒角刀

2）"曲线类型"选择"3D 曲线"，选择实体边缘线框，"径向偏移"输入 1，如图 6-12 所示。

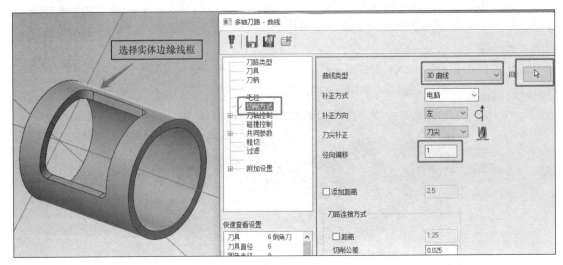

图 6-12　选择实体边缘线框

径向偏移 1 的意思是，刀尖从选择的实体边缘落点开始计算，往外偏移 1mm，保证切削是用倒角刀的 90°切削刃口。

3）选择线框时注意切削方向为顺铣，如图 6-13 所示。

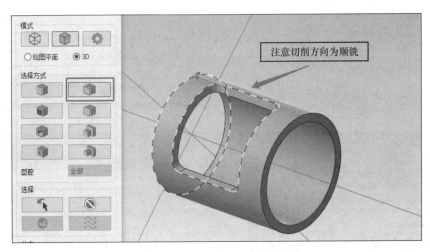

图 6-13　注意切削方向为顺铣

4）"刀轴控制"设为"曲面"，选择圆柱面为刀轴控制的驱动面，这样刀轴就垂直加工面，如图 6-14 所示。

5）"碰撞控制"里"向量深度"设为 −1.3，即刀具加工位置在选择的边界线往下 1.3mm，如图 6-15 所示。这个向量深度 −1.3 是和"切削方式"里的"径向偏移"配合使用的。目前的位置是刀尖从边缘往旁边偏移 1mm，然后下降 1.3mm，刀具是 ϕ6mm 倒角刀，所以现在的位置倒角为 C0.3mm。

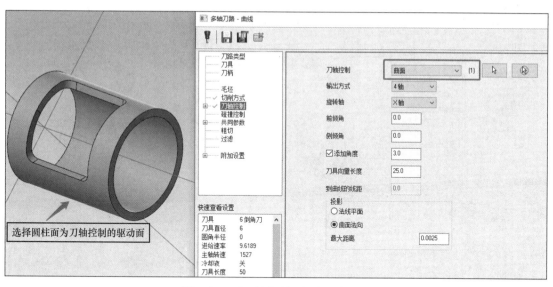

图 6-14　"刀轴控制"设为"曲面"

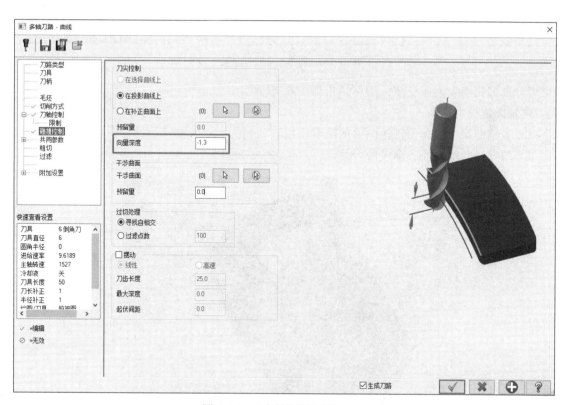

图 6-15　"向量深度"设为 -1.3

6）"进 / 退刀"设置为 2.0mm，单击"✔"，如图 6-16 所示。

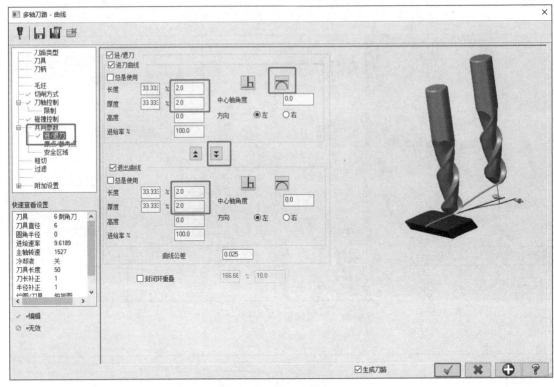

图 6-16　"进 / 退刀"设置

7）全部视图设为俯视图，刀路结果如图 6-17 所示。

多轴曲线技术总结：

1）多轴曲线一般和刀轴控制曲面配合使用。

2）刀具径向偏置需要深度配合好。

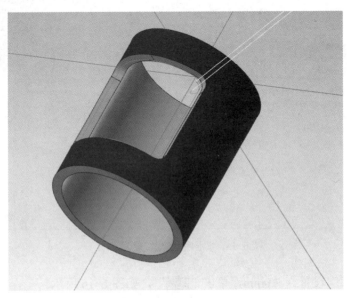

图 6-17　刀路计算完毕实体模拟

图 6-17　刀路计算完毕实体模拟（续）

6.3　点分布

在多轴编程里，没有 G2 和 G3，也没有 G42 和 G43，刀路和产品的壁边或者加工面是靠无数个点去逼近，从而保证产品尺寸的。要想产品加工得稳定合格，必须考虑点分布的问题。点分布的含义是，刀路细分成无数个点分布在产品表面，这就要求在走直线时点分布要少，在走圆弧时点分布要均匀。

打开素材 6-2 多轴曲线，我们之前将多轴曲线刀路用来倒角，单击刀路的节点，可以看到刀路上有一圈白色节点，如图 6-18 所示。

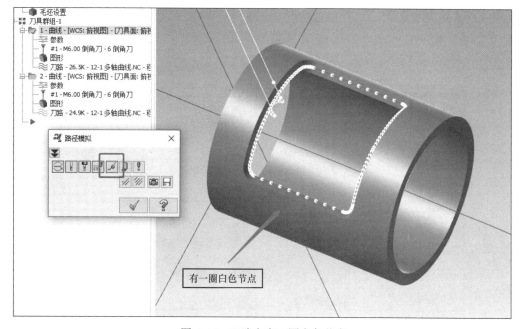

图 6-18　刀路上有一圈白色节点

这些点分布在刀路上一圈，意味着刀具需要从第 1 个点出发，然后到第 2 个点，接着一直串连走到最后一个点，形成一个完整的刀路。这样的刀路经后处理生成 NC 代码后，就生成无数个点。刀具从第 1 个点出发走到最后一个点，从而将产品的倒角加工出来。放大看，刀路其实是没有很均匀地在拐角处生成，如图 6-19 所示。

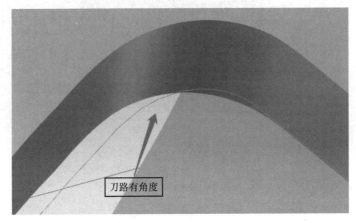

刀路有角度

图 6-19　拐角会有不全拟合的情况

这是因为默认的点分布是 0.5，刀路每个节点之间是按照 2.5 的长度节点生成的，如图 6-20 所示。2.5 的节点对这个产品来说太大了，需要增加节点。需要的效果是在拐弯的圆弧处增加节点，而在走直线时减少节点。将节点增加，即将步进量减小，再添加距离和过滤。

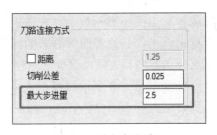

图 6-20　最大步进量 2.5

现在将"最大步进量"改成 0.5，单击"过滤"，设置"公差"为 0.01（可以根据情况调整），如图 6-21 所示。

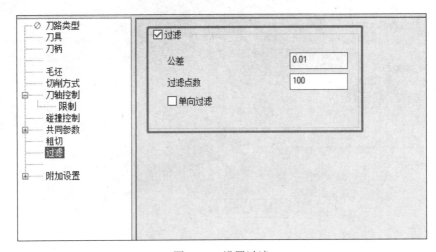

图 6-21　设置过滤

最终结果如图 6-22 所示，圆弧节点很密集，直线就 2 个端点有节点。

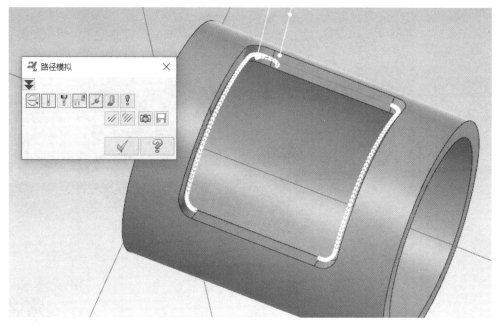

图 6-22　节点显示图

如果觉得圆弧面加工得还不够贴合，需要再增加圆弧面和拐角处的节点，就得将过滤关闭，勾选"添加距离"和"距离"，设置相应数值，如图 6-23 所示。

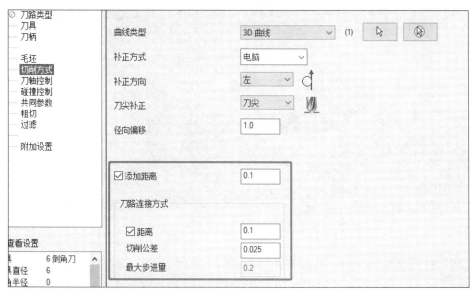

图 6-23　勾选"添加距离"和"距离"

最后的结果是将所有的边界都形成节点，并且均匀分布，如图 6-24 所示。

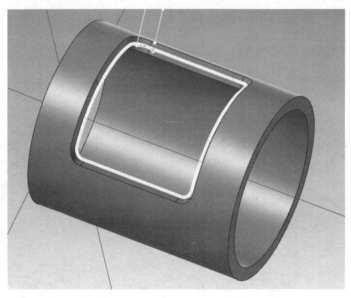

图 6-24　节点均匀分布在边界上

6.4　多轴命令：旋转

打开素材 6-4 工艺品，如图 6-25 所示。

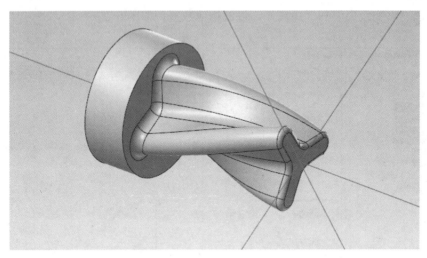

图 6-25　可以旋转的方式从头到尾加工出来

类似这样的圆柱形工件，可以使用多轴刀路里的"旋转"命令，让刀具从端面出发，然后四轴旋转，一直旋转着加工到结束。多轴旋转的具体设置如下：

1）选择一把 ϕ4mm 球刀，素材图的根部 R 角是 6mm，所以要选直径稍微小一点的刀具。

2）加工面选择外圆上的异形面，"切削方向"设为"绕着旋转轴切削"，如图 6-26 所示。

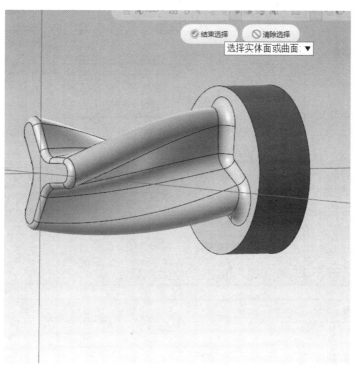

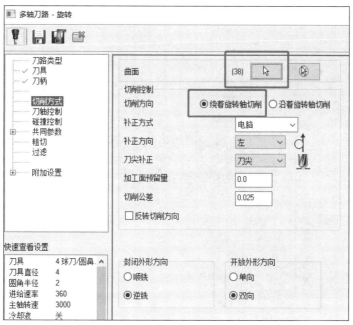

图 6-26　选择加工面和切削方向

"加工面预留量"是指曲面精加工需要预留多少余量，这里设为 0.0。

"切削公差"指工件上生成的刀路和工件表面拟合的公差，值越小，精度越高，程序越大，一般设为 0.01（默认为 0.025）。

3）"刀轴控制"选择"到点"，选择原点位置，再勾选"使用中心点"，如图 6-27 所示。

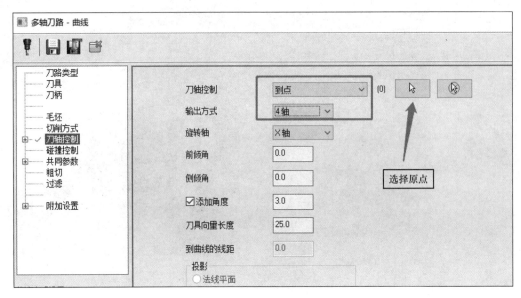

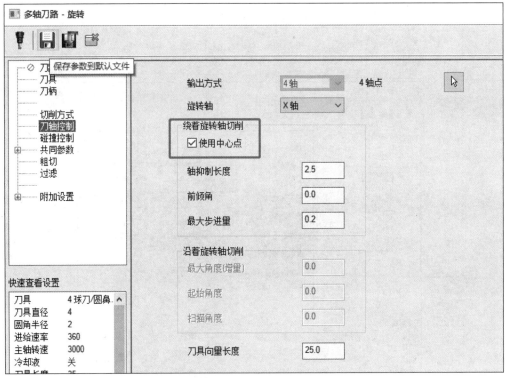

图 6-27　设置输出方式的 4 轴点为原点

"前倾角"用于设置刀具向加工方向倾斜的角度，此处可以不设置。

"最大步进量"指切削步距，一般设为 0.2。

"刀具向量长度"用于观察刀轴控制线，不用设置，默认 25.0 即可。

4）碰撞控制：设置竖的面为干涉面，"预留量"是距离干涉面的间隙，一般设置为 0.05，可根据具体要求来设置，如图 6-28 所示。

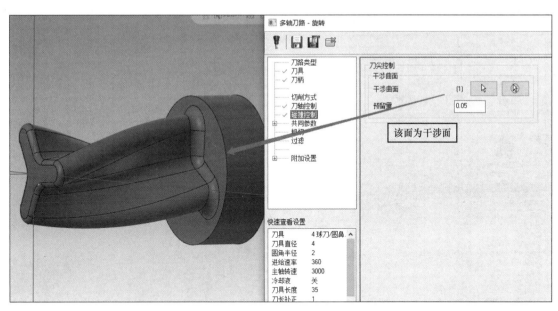

图 6-28 设置干涉面

5) 共同参数按默认设置，如图 6-29 所示。

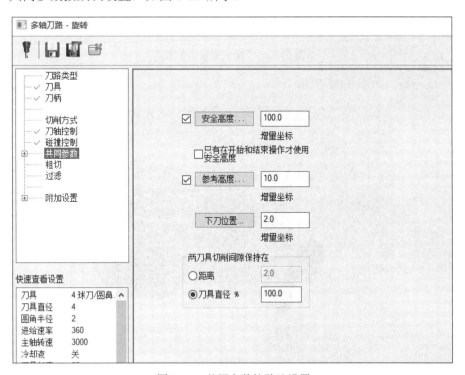

图 6-29 共同参数按默认设置

6) 粗切是用于设置加工范围的，暂时默认不用设置。

7) 平面全部设为俯视图，如图 6-30 所示。

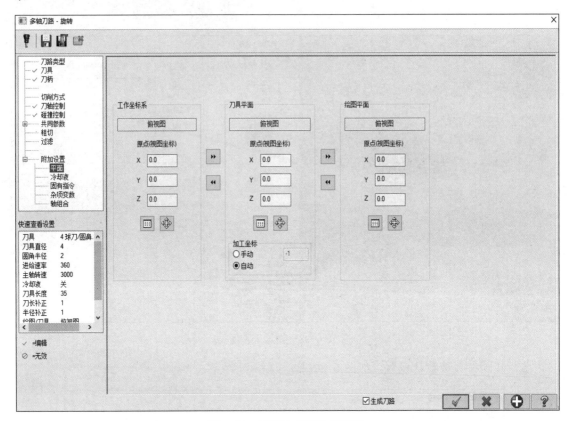

图 6-30 平面全部设为俯视图

8）生成刀路，如图 6-31 所示。

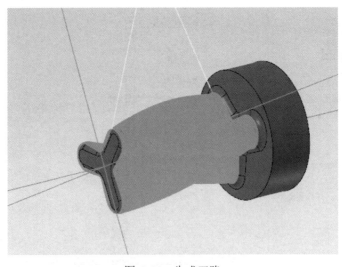

图 6-31 生成刀路

模拟刀路时会发现，刀具是在工件内部下刀，然后往外部加工，需要切换加工方向，勾选"切削方式"里的"反转切削方向"，只有这样刀路才会从原点开始出发加工，如图 6-32 所示。

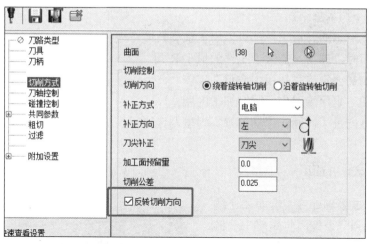

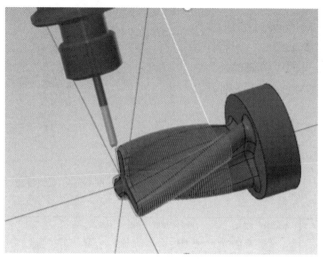

图 6-32　设置"反转切削方向"切换加工方向

如需控制切削的范围，则单击"粗切"，选择"绝对坐标"，设置切削的范围，最高位置和最低位置为工件在 X 轴线上的点位范围，具体设置如图 6-33 所示。

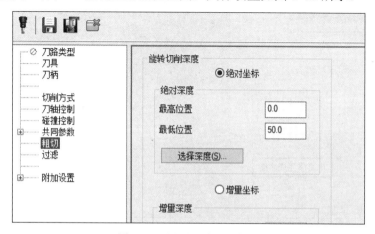

图 6-33　设置"绝对坐标"

多轴旋转命令技术总结：

1）凡是圆柱形态的异形工件都可以用多轴旋转命令编程。

2）选择球刀时，球刀不能大于工件的最小 R 角。

3）刀轴控制需要勾选"使用中心点"。

4）在"粗切"里用绝对坐标限制加工区域。

5）若加工方向反了，则在"切削方式"里勾选"反转切削方向"。

6.5 多轴命令：沿面

打开素材 6-5 多轴命令 - 沿面如何编写风叶，可以看到一个像"竹蜻蜓"一样的风叶，如图 6-34 所示，这个叶片面是用四轴联动设备加工完成的，使用的策略是"多轴沿面"。"多轴沿面"的软件算法原理类似三轴加工里的"精修流线"，需要计算加工面的 UV 线，刀路刚好在 UV 的走向上生成。

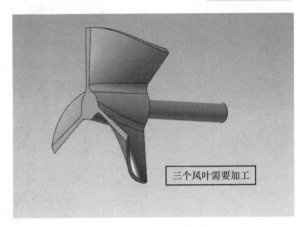

图 6-34 三个风叶需要加工

有时打开素材，会出现素材正常面的 UV 线是不规整的，无法直接加工，比如本次素材 6-4。新建图层，单击"曲面"—"由实体生成曲面"，如图 6-35 所示。

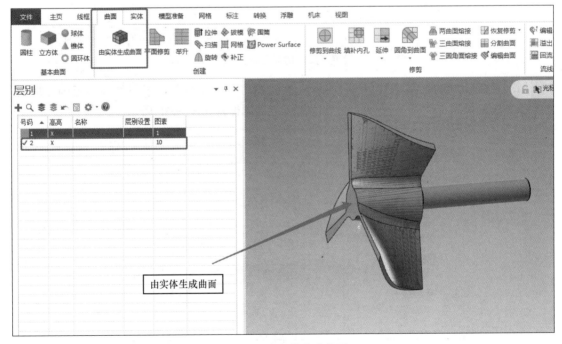

图 6-35 由实体生成曲面

隐藏实体后，按 <ALT+S> 键，将曲面的 UV 线显示出来，发现 UV 线凌乱不堪，如图 6-36 所示。

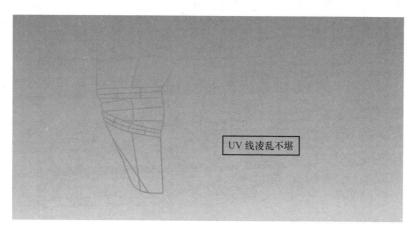

图 6-36　UV 线凌乱不堪

加工此工件，需要刀路沿着叶片的面走，但是多轴沿面的算法是沿着 UV 线生成刀路，所以需要更改图形的 UV。具体步骤如下：

1）原来的图太乱，而更改 UV 太麻烦，一般重新画一个网格曲面来代替。单击"线框"—"所有曲线边缘"，如图 6-37 所示。

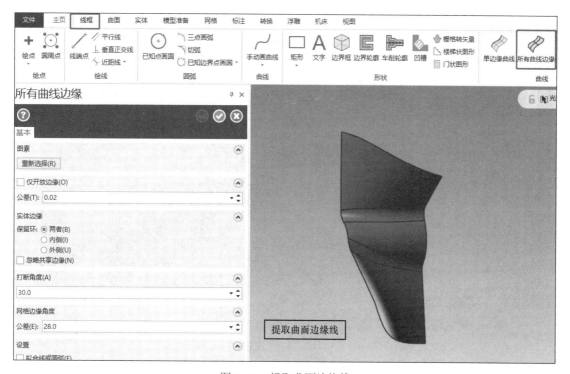

图 6-37　提取曲面边缘线

2）删除原有面，仅显示线框，如图 6-38 所示。

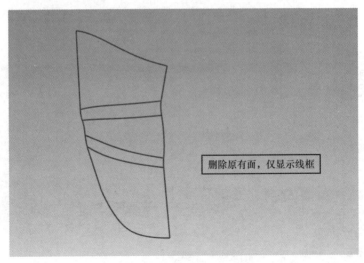

图 6-38　删除原有面，仅显示线框

3）单击"曲面"—"网格"，按照图 6-39 所示的顺序串连选择线框。

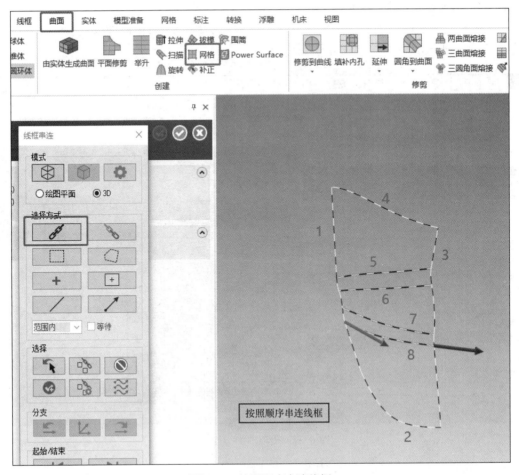

图 6-39　按照顺序串连线框

4）生成的网格曲面 UV 线比较规整，适合加工，如图 6-40 所示。

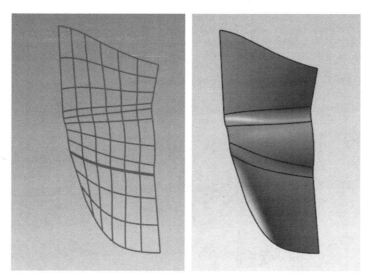

图 6-40　生成网格曲面，UV 线比较规整，适合加工

多轴沿面编程步骤如下：

1）创建 ϕ4mm 球刀。

2）单击"切削方式"，"曲面"选择刚刚创建的曲面，切削"距离"设为精加工的步距 0.3，如图 6-41 所示。

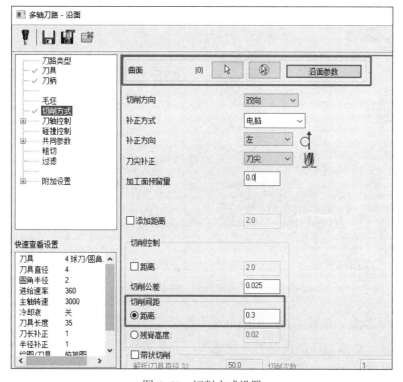

图 6-41　切削方式设置

3）单击"曲面流线设置"对话框，按照三轴流线的生成刀路原理，设置流线的方向，如图 6-42 所示。

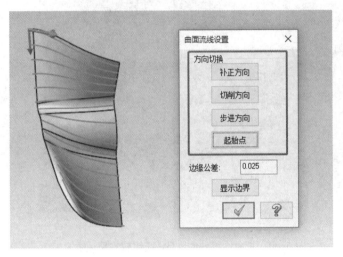

图 6-42　设置切削方向为顺着叶片面

4）"刀轴控制"选择"曲面"，让刀轴垂直于加工面（由于此加工面是往下垂的形态，所以不加倾斜角也可以），如图 6-43 所示。

图 6-43　"刀轴控制"选择"曲面"

5）剩下全部默认，生成刀路，中间出现两处明显的过切，如图 6-44 所示。

这是因为现在生成刀路的面是另外创建的，不是工件本身的刀路。需要将刚生成的刀路"投影"到工件本身曲面上。

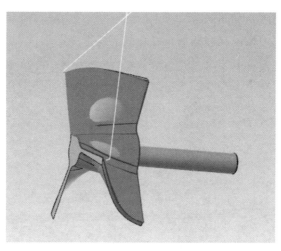

图 6-44　刀路生成，有两处过切

6）单击"碰撞控制"，将需要加工的面选择为"补正曲面"，如图 6-45 所示。

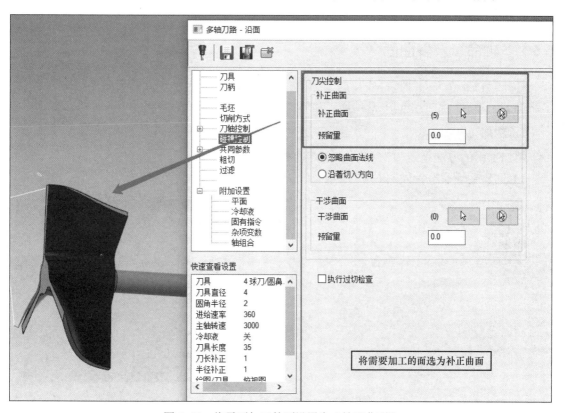

图 6-45　将需要加工的面设置为"补正曲面"

这样刀路就完美地"投影"到需要加工的曲面上，如图 6-46 所示。

如果觉得加工面两侧有漏切，可以使用模型准备里的推拉功能，将图形向两侧"推拉"。

多轴沿面技术总结：

1）需要使用球刀。

2）必要时需要自己画一个曲面。

3）生成刀路后观察刀路，没问题后再补正到需要加工的工件表面上。

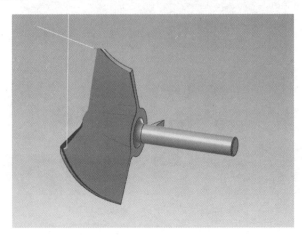

图 6-46　刀路补正完毕

6.6　多轴命令：多曲面

打开素材 6-6 大力神杯，安排的工艺为先定面两视图做粗加工，然后半精加工，最后精加工。其中半精加工和精加工均用多轴多曲面命令。

1. 粗加工

粗加工用的方法是定轴 3D 优化动态粗切，具体步骤如下：

1）创建毛坯模型，如图 6-47 所示。

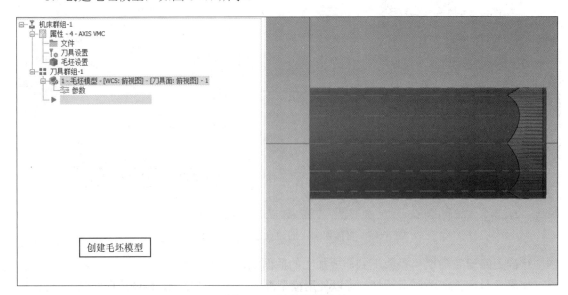

图 6-47　创建毛坯模型

2）利用毛坯模型修剪刀路的方法编写俯视图的优化动态粗切刀路，如图 6-48 所示。

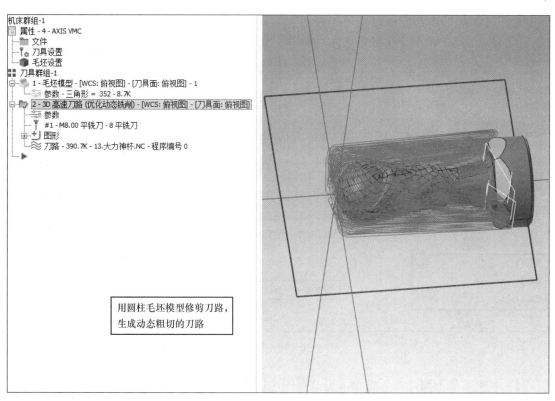

图 6-48　利用毛坯模型生成刀路

3）使用依照图形定面的方法定反面，保证定的平面坐标系是和俯视图围绕 X 轴旋转的，如图 6-49 所示。

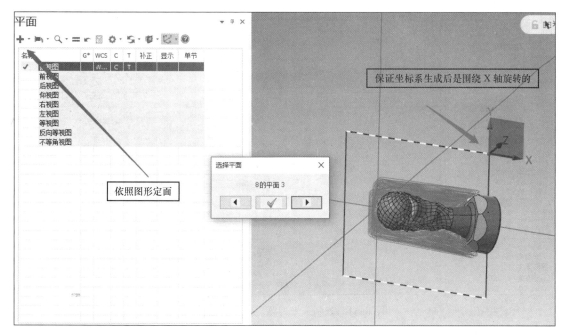

图 6-49　依照图形定面

4）原点清 0，使两个坐标系重合，如图 6-50 所示。

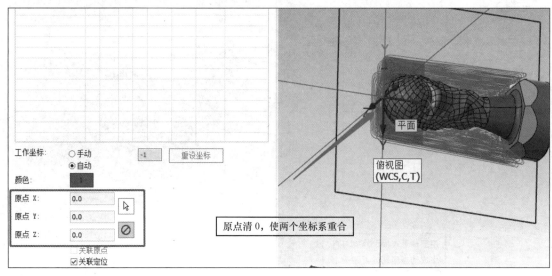

图 6-50　使坐标系重合

5）复制 2 号刀路，然后粘贴，更改视图，使第一个为俯视图，后面两个是平面视图，重新生成程序，如图 6-51 所示。

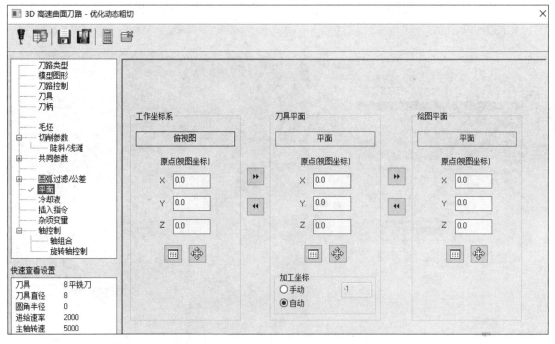

图 6-51　复制一个刀路，生成反面程序

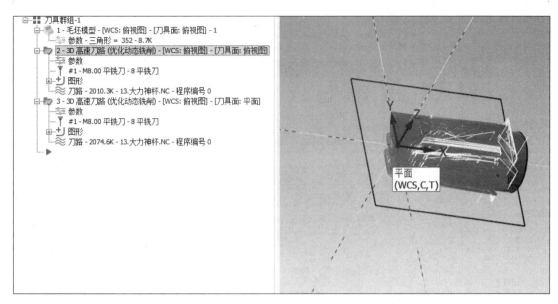

图 6-51　复制一个刀路，生成反面程序（续）

2. 多轴多曲面联动精加工

多轴多曲面刀路和多轴沿面一样，也需要先绘制一个辅助的曲面。这里使用曲面命令里的旋转功能绘制一个差不多形状的曲面，这个曲面要比实际加工的图稍微小一点。如图 6-52 所示。

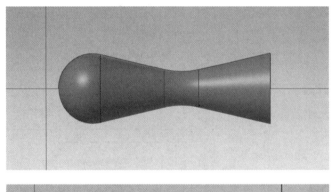

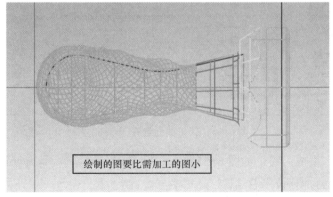

绘制的图要比需加工的图小

图 6-52　绘制一个辅助曲面

创建多轴多曲面的步骤如下：

1）选择一把 ϕ6mm 球形铣刀。

2）"切削方式"的"模型选项"选择刚绘制的辅助面，流线方向选择绕着轴身旋转，加工面设置预留 0.2mm 余量（这里暂时是半精加工，精加工和半精加工的方法是一样的，只是切削步距和刀具有更改），"截断方向步进量"设为 0.8，其余默认，如图 6-53 所示。

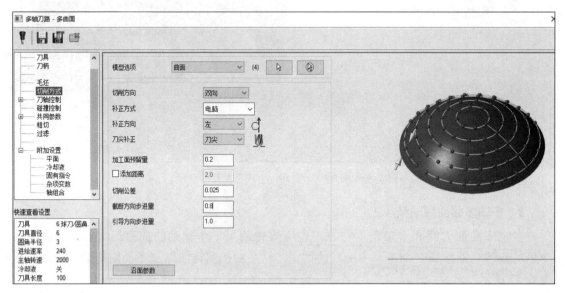

图 6-53　切削方式的设置

3）"刀轴控制"选择"到点"，点为原点 O。

4）"碰撞控制"选择补正曲面为要加工的工件曲面，如图 6-54 所示。

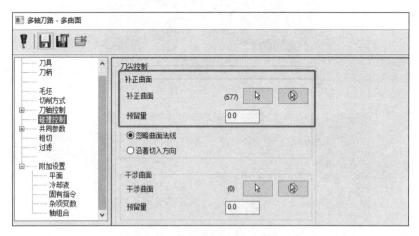

图 6-54　补正曲面选择工件曲面

5）其余默认，生成刀路，如图 6-55 所示。

多曲面编写大力神杯技术总结：

1）可以直接使用圆柱作为模型去修剪刀路，编写粗加工。

2）和沿面刀路一样，需要创建辅助面，辅助面要比需要加工的曲面小。

3）半精加工和精加工可以是一个多轴多曲面方法，区别是刀具的大小和切削步距的大小不同。

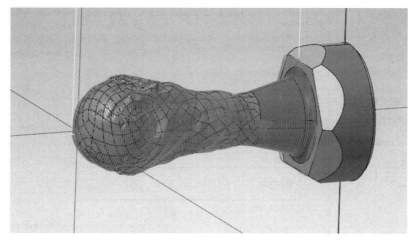

图 6-55　生成刀路

6.7　多轴命令：多轴挖槽

打开素材 6-7 多轴挖槽，如图 6-56 所示，底面是圆弧面，上面有个凸台需要避让，可以使用多轴刀路里的挖槽进行粗加工。

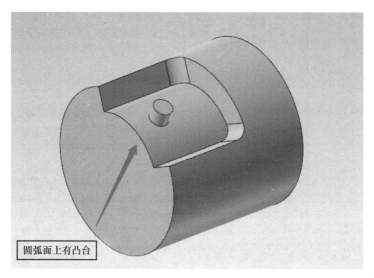

图 6-56　圆弧面上有凸台

多轴挖槽的算法原理是告诉软件毛坯是什么样子，哪里有余量需要去除。具体设置步骤如下：

1）创建毛坯：单击"毛坯设置"，选择"圆柱体""X"，单击"所有实体"，单击 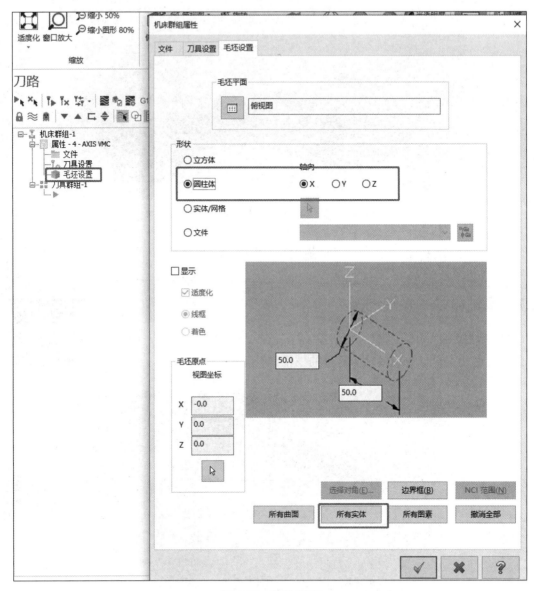，如图 6-57 所示。这一步的作用是告诉软件毛坯是一个 ϕ50mm×50mm 的圆柱。

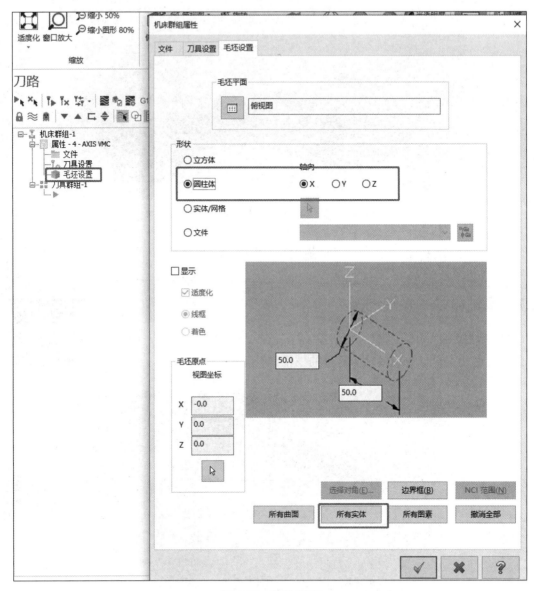

图 6-57　设置毛坯

2）创建需去除材料的毛坯图形：单击"模型准备"—"修改实体特征"—"创建主体"，选择需要加工的 8 个面，生成毛坯图形，如图 6-58 所示。

3）单击"多轴刀路"—"挖槽"，根据情况创建刀具，这里创建 ϕ4mm 平底铣刀并装载刀柄。

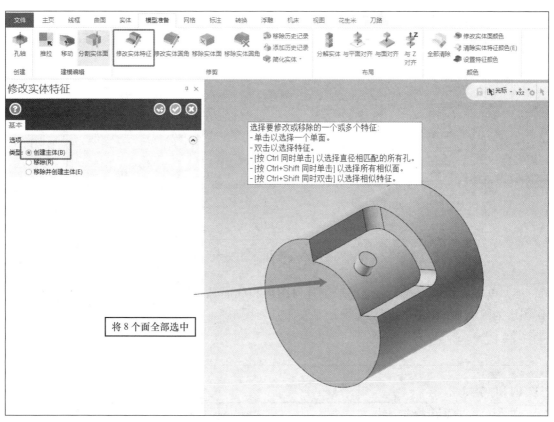

图 6-58　设置毛坯图形

4）单击"毛坯"—"依照选择图形"，选择上步创建的毛坯图形，如图 6-59 所示。

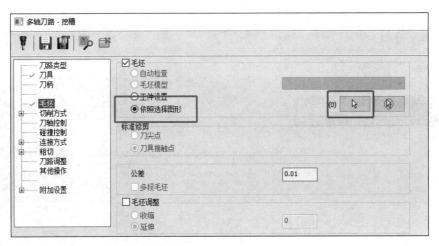

图 6-59　选择毛坯图形

5）单击"切削方式"，选择加工几何图形和底面几何图形，如图 6-60 所示。加工几何图形为除底面之外的所有加工面，"底面几何图形"选择底面，"策略"选择"与底面平行"，"类型"设为"动态"。

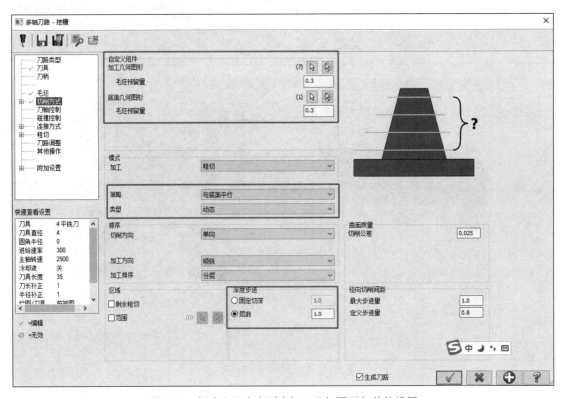

图 6-60　侧边和凸台表面为加工几何图形与其他设置

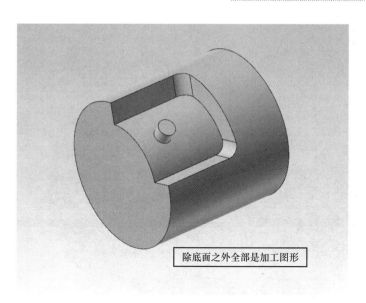

除底面之外全部是加工图形

图 6-60 侧边和凸台表面为加工几何图形与其他设置（续）

6）单击"连接方式"，设置"距离"，如图 6-61 所示。

图 6-61 距离设置

7）生成刀路，如图 6-62 所示。

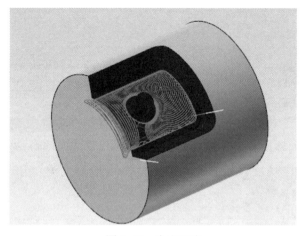

图 6-62 生成刀路

实体模拟如图 6-63 所示，中间的残料只需再编写一个 2D 外形刀路就可以去除。

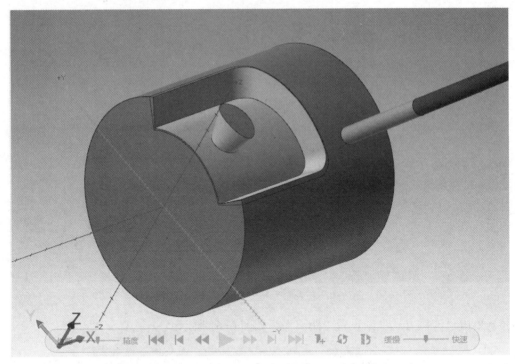

图 6-63　实体模拟

这种加工方式属于动态加工方式，如果想要分层加工，则在第 5）步的设置上将"类型"改成"补正"，如图 6-64 所示。

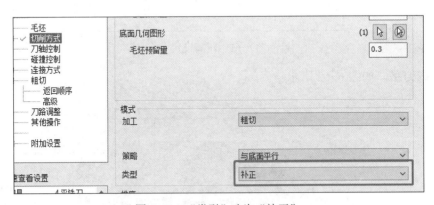

图 6-64　"类型"改为"补正"

一般不使用补正的层切方法，因为如果使用层切，会用多轴刀路里的高级旋转命令，这个主要使用动态的加工方式，加工易切削的材料（铝合金之类）用动态比较好。

多轴挖槽技术步骤总结：

1）创建毛坯。

2）创建要被去除掉的毛坯图形。

3）选择除底面之外所有图形为加工几何图形。

4）动态联动刀路选择"策略"为"与底面平行"，"类型"选择"动态"。

6.8　多轴命令：通道

打开素材 6-8 通道，如图 6-65 所示，是一个拐弯的管道件，需要用四轴机床加工，可以使用通道命令来加工。通道的原理是刀路在通道的内壁生成，然后通过刀轴控制进行避让。

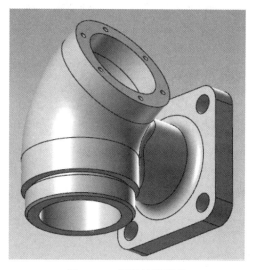

图 6-65　拐弯的管道件

该工件的编程工艺安排为先定轴曲面粗加工，然后用通道命令做联动精加工。通道可以一次加工出来，遇到通道比较长的也可以从两头往中间加工，本素材通道比较短，只需从短的一端进去。具体编程步骤如下：

1）单击"新建图层"—"曲面"—"由实体生成曲面"，选择要加工的曲面，提取曲面，如图 6-66 所示。

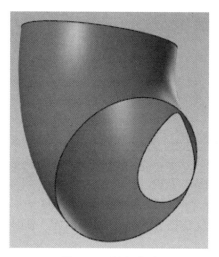

图 6-66　提取曲面

2）单击"恢复修剪"，将孔补起来，如图 6-67 所示。

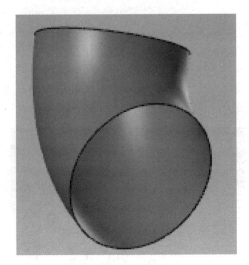

图 6-67　将孔补起来

3）创建 ϕ12mm 糖球型铣刀，具体参数设置如图 6-68 所示。

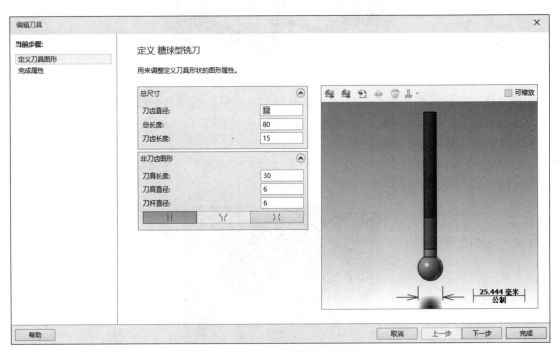

图 6-68　创建糖球型铣刀

4）切削方式设置：选择"曲面"为刚提取的曲面，"切削方向"设为"螺旋"，为了生成程序快一点（方便优化改正），"切削间距"的"距离"设为1.0。如图 6-69 所示。

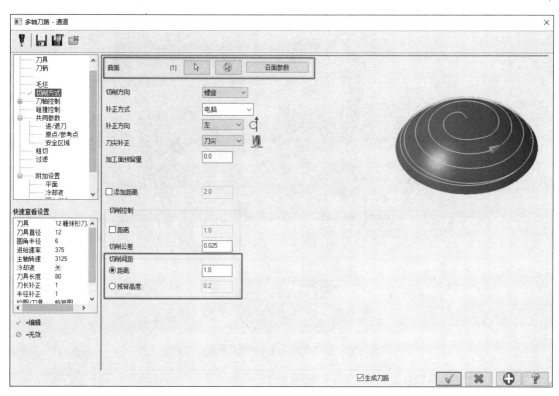

图 6-69　设置"切削方式"

5）"刀轴控制"选择"从点"，点的位置为孔口处，如图 6-70 所示。

图 6-70　设置"刀轴控制"

6）在通道上方绘制一个点，使刀具能够从这个点开始加工整个通道不干涉、不过切，如图 6-71 所示。

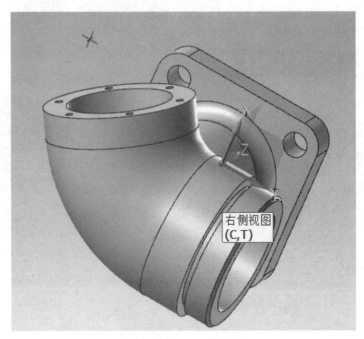

图 6-71　在孔上方绘制一个点

7）其他设置均为默认，生成刀路，如图 6-72 所示。

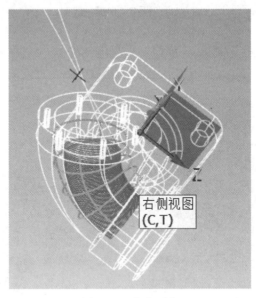

图 6-72　生成刀路

刀路生成后，直接选择工件作为毛坯进行模拟，模拟出来没问题就更改切削步距。

通道命令技术总结如下：

1）使用糖球型铣刀编程。

2）加工面需要恢复修剪，使面全部可以加工。

3）"刀轴控制"使用"从点"，点的位置决定是否会过切。

第❼章 四轴联动高级命令讲解 >>>

7.1 高级联动刀路里基本设置的含义

四轴联动分为基础联动和高级联动，像"毛坯""切削方式""刀轴控制""碰撞控制""连接方式"等，如图7-1所示，都属于高级联动。用这些高级联动多轴命令编写刀路，更加方便和快捷。

图7-1 高级联动界面

这些命令的含义如下：

（1）毛坯 粗切刀路可以使用毛坯生成刀路，其他几乎不用（多轴"高级旋转命令"用来粗切时调用毛坯）。

（2）切削方式 多轴平行、多轴渐变、多轴沿曲线等切削方式的参数会有些不同，如图7-2所示。

图7-2 各种命令的切削方式不一样

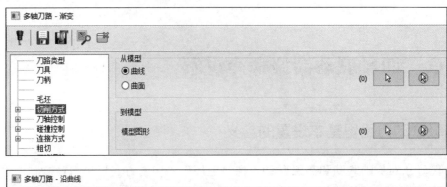

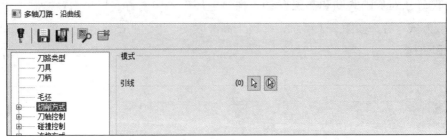

图 7-2 各种命令的切削方式不一样（续）

高级多轴命令的"切削方式"里的"区域"界面参数都是一样的，如图 7-3 所示。具体参数说明如下：

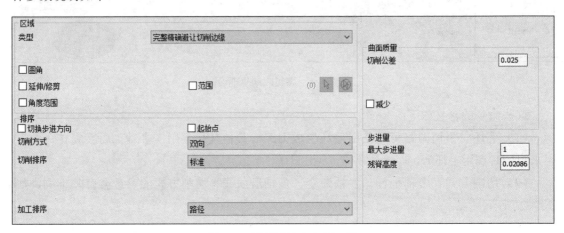

图 7-3 区域里的内容都一样

1）圆角：刀具在拐尖角或者直角弯的时候圆弧过渡，避免碰撞。

2）延伸 / 修剪：刀路可以分别往两端和侧边延伸。

3）范围：手动画一个边界范围，通过范围来限制刀路。

4）角度范围：利用角度来限制刀路。

5）切换步进方向：改变刀具加工方向（从上往下改为从下往上，从内而外改成从外而内）。

6）起始点：指定进刀点，引导下刀位置。

7）切削方式：有单向、双向和螺旋之分。

8）切削排序：有标准、由内而外、由外而内三种。切削方向为双向加工、由内而外环形加工，以及由外而内环形加工。

9）加工排序：分为路径和区域两种，一般选择"区域"，表示一块区域加工完再加工下一个区域。

10）曲面质量、切削公差：默认为 0.025，一般设置为 0.01，使刀路更加贴合加工面。

11）步进量、最大步进量：两刀路之间的距离，一般设为 0.2～0.3，"残脊高度"不用设置，会根据步进量改变而改变。

点亮以上功能后，在左边的功能区会出现下一级菜单供设置，如图 7-4 所示。

图7-4 点亮切削方式各项参数后，会有下一级菜单供选择设置

（3）刀轴控制 和普通的联动刀路里的刀轴控制类似，有很多种方式，如图 7-5 所示。

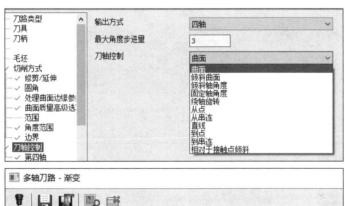

图 7-5 刀轴控制输出方式和普通的联动刀轴控制类似

如果勾选"第四轴"里的"刀具指向旋转轴"，刀轴控制将只有一种指向旋转轴的刀轴控制方式。后面会在讲解各种高级刀路的时候讲解常用刀轴控制的应用场景。

（4）碰撞控制 如图 7-6 所示，碰撞控制可以设置对加工面的避让，也可以同时设置对干涉面的避让，同时还可以开启"其他碰撞控制"。

（5）连接方式 刀路与刀路之间的连接方式，主要有"切片间的连接""路径连接方式""间隙连接方式"3 种，另外还有"默认切入 / 切出"，如图 7-7 所示。

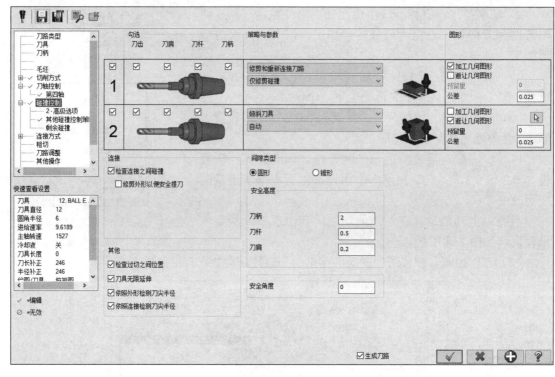

图 7-6　可以同时设置多项碰撞控制

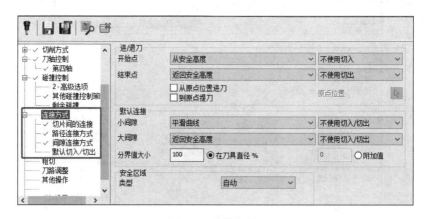

图 7-7　连接方式

（6）粗切　设置轴向和径向的分层加工。

（7）刀路调整　设置刀路路径的转换方式，一般运用在等分工件的路径旋转上。

以上参数的使用，会在后面的案例讲解中具体介绍。

7.2　多轴命令：高级旋转

四轴联动粗加工分为定轴粗加工和联动粗加工，在一个工件的视图平面上只用一条刀路无法加工时，需要用到联动粗加工。如图 7-8 所示，工件有两处地方是看不到的，无法直接一步加工出来，可以通过旋转视图来定面加工，也可以直接联动粗加工。

多轴高级旋转功能用得比较多，下面介绍如何设置多轴联动高级旋转和优化刀路。具体步骤如下：

1. 创建毛坯

高级旋转需要在编程前事先创建一个毛坯，即告诉软件现在所得到的毛坯是什么样子，和精加工工件的最终对比，算法会知道哪些地方需要生成刀路，哪些地方无须生成刀路。具体步骤如下：

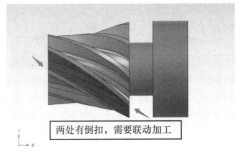

图 7-8 两处有倒扣，无法直接加工

1）提取轮廓线：新建图层 2，单击"线框"—"车削轮廓"，选择工件，"方式"选择"旋转"，"轮廓"选择"上轮廓"，得到轮廓线后首尾相连生成中轴线，如图 7-9 所示。

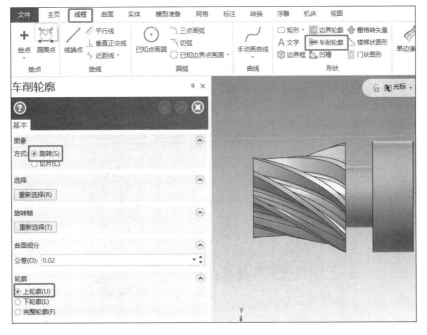

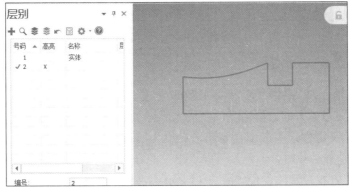

图 7-9 选择车削轮廓创建轮廓

2）生成实体毛坯：单击"实体"—"旋转"，选择上步轮廓线，围绕中轴线旋转得到实体毛坯，如图 7-10 所示。

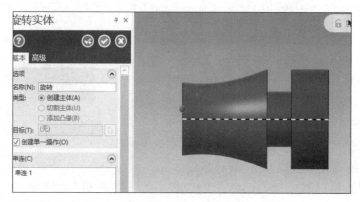

图 7-10　用实体旋转命令生成实体毛坯

3）设置毛坯：单击"刀路"工具栏下的"毛坯设置"，选择"实体 / 网格"，旋转刚创建的实体毛坯，如图 7-11 所示。

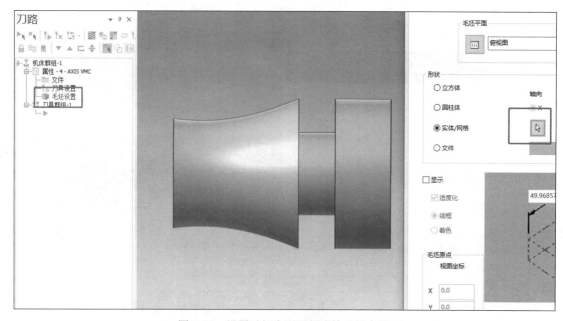

图 7-11　设置毛坯为刚刚创建的毛坯实体

2. 编写程序

1）单击"多轴刀路 - 高级旋转"，创建 ϕ3mm 铣刀，切削方式设置如图 7-12 所示，其中"深度切削步进"为 Z 方向分层深度，"最大步进量"是 XY 分层的宽度。

2）设置自定义组件："加工几何图形"设为所有的加工面，基准点为 X0Y0 的原点，"方向"为选择基准轴线时，确定从基准点出发的方向即可，如图 7-13 所示。

3）设置连接方式，具体设置如图 7-14 所示。

4）联动编程平面全部是俯视图，生成刀路，如图 7-15 所示。

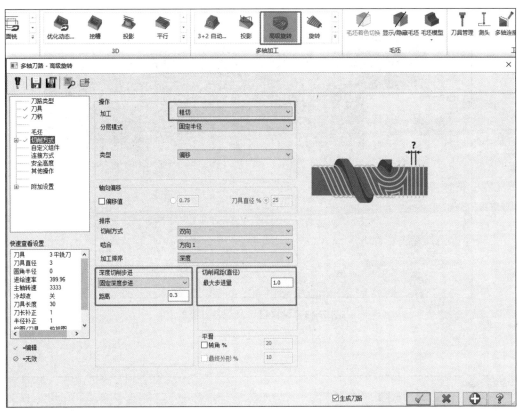

图 7-12　设置切削参数

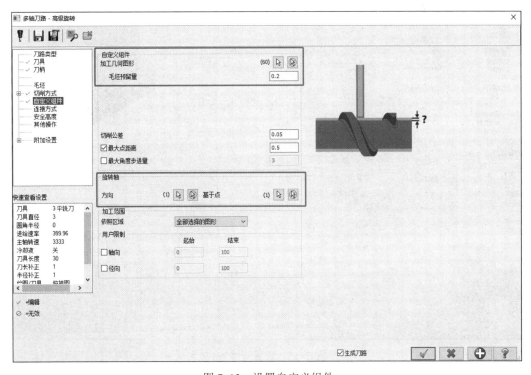

图 7-13　设置自定义组件

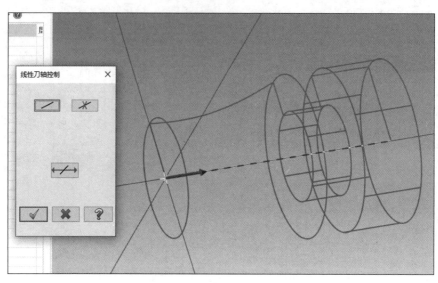

图 7-13　设置自定义组件（续）

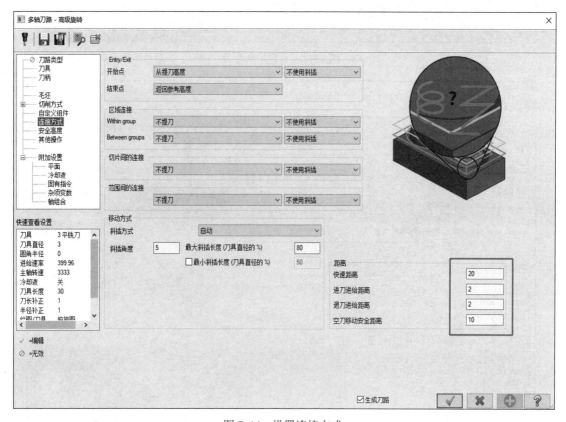

图 7-14　设置连接方式

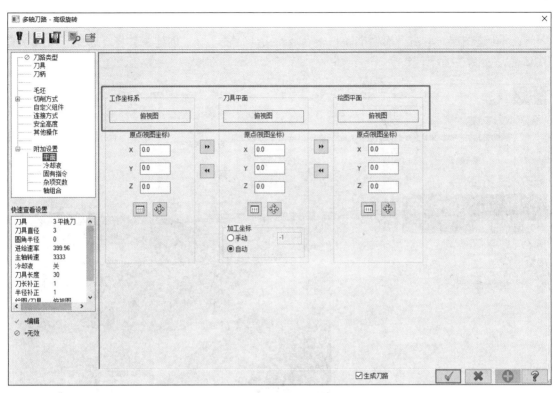

图 7-15　全部俯视图生成刀路

3. 优化刀路

刀路生成后发现非常凌乱,抬刀非常多,而且是按照深度优先的策略去加工的。所以需要优化一下,减少抬刀,让刀路按照一个区域一个区域地加工。工艺安排是只加工一块区域,然后路径转换即可。具体优化步骤思路如下:

1)保证区域优先。软件的算法是根据毛坯和工件精尺寸的比较,计算出哪里需要生成刀路,然后针对一块区域新建一个毛坯实体,让软件认为只有这一块区域有毛坯余量,其余都没有余量,只在这一块区域生成刀路即可。

2）新建图层，单击"模型准备"—"修改实体特征"—"创建主体"，选择一块区域的实体面，如图 7-16 所示。

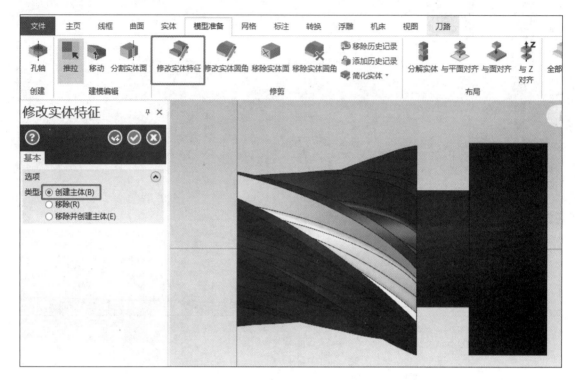

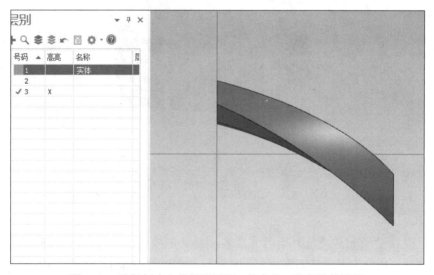

图 7-16　选择创建主体得到图层 3 的实体，隐藏其他图层

3）单击"毛坯"，选择"依照选择图形"右侧的箭头，选择上步创建的实体，单击 ✔ 确定，如图 7-17 所示。

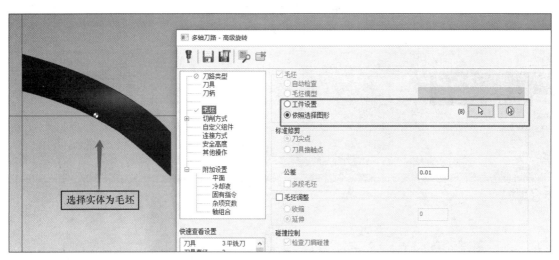

图 7-17 选择上步创建的实体为毛坯

4）生成刀路，如图 7-18 所示，只有一块区域有刀路。

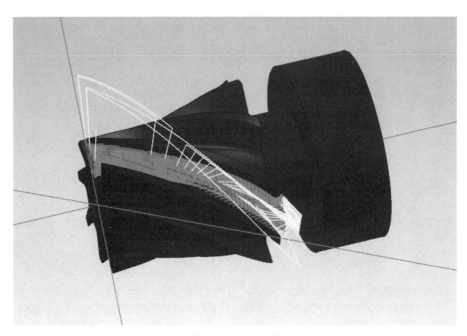

图 7-18 生成刀路

5）Mastercam 软件粗加工里有个特性是，粗加工的刀路在工件范围内部生成的刀路会减少提刀，如图 7-19 所示，将工件两端都同时往外部推拉 2mm（注意，要先保存原始图再新建图层）。

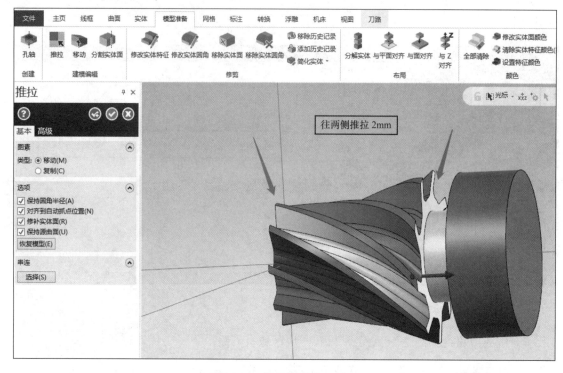

图 7-19　往两侧推拉 2mm

6）优化刀路后得到的结果如图 7-20 所示，只有几个提刀，可以接受。

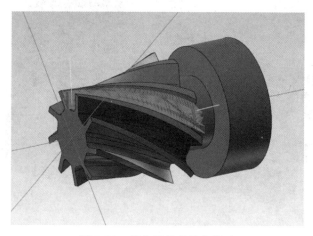

图 7-20　优化后只有几个提刀

7）单击"刀路"—"路径转换"，选择上一步生成的刀路，围绕右视图旋转 8 次，每次 40.0°，如图 7-21 所示。

多轴命令高级旋转技术总结：

1）需要先创建一个毛坯。

2）多用于联动粗加工。

3）延伸产品长度能够有效修剪提刀。

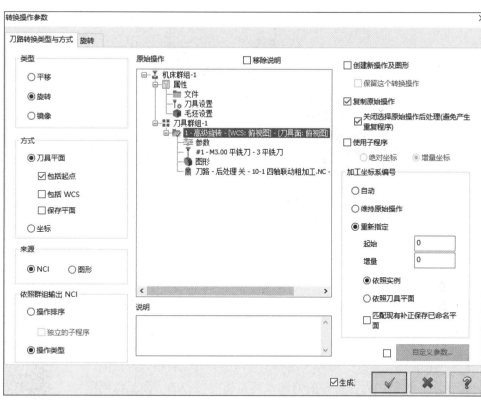

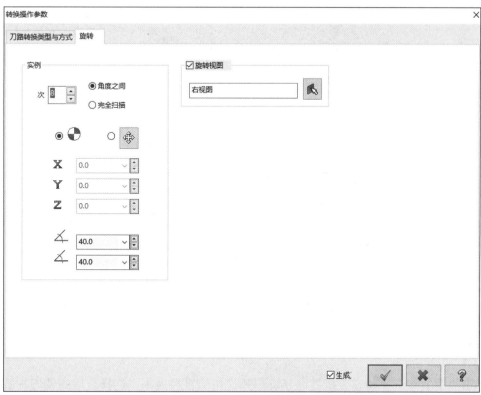

图 7-21　路径转换结束

图 7-21　路径转换结束（续）

7.3　多轴命令：侧刃铣削

打开素材 7-3 多轴侧铣，发现直接用替换轴的方法可以编出刀路，但是在 X 轴向的侧壁，刀具的侧刃无法和工件侧壁拟合，有很大的空隙，如图 7-22 所示。这是因为替换轴的刀轴永远是指向轴心的，而工件侧壁刚好不是指向轴心的，所以这个工件无法用替换轴加工。

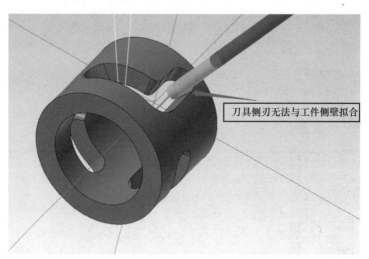

图 7-22　刀具侧刃无法和工件侧壁拟合

这类产品在市场上占有率很高，可以用 Mastercam 软件里的"多轴刀路 - 侧刃铣削"来完成加工。具体步骤如下：

1. 分析圆弧

单击"主页"—"动态分析"，分析圆弧拐角的直径大小，选择合适的铣刀。圆弧小的地方大概 ϕ10mm，选择 ϕ6mm 的铣刀比较合适，如图 7-23 所示。

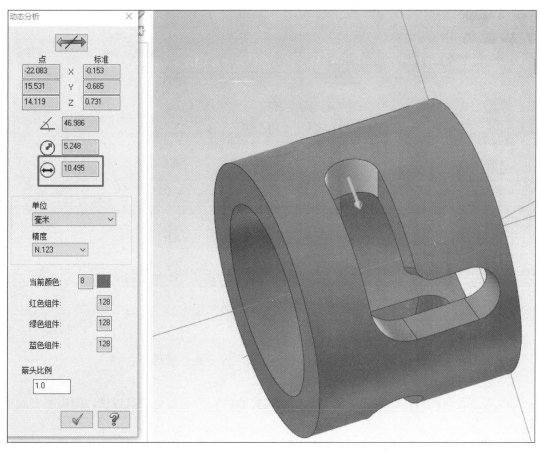

图 7-23　圆弧 ϕ10mm 左右，选择 ϕ6mm 铣刀加工

2. 修改图形

由于这个工件是类似穿孔的加工，一般会要求刀具超过工件本身的深度，这里要求超过 0.5mm，新建图层后用"模型准备"里的"推拉"功能，将内孔缩小单边 0.5mm，如图 7-24 所示。软件本身也有加深切削深度的位置（在分层设置里），一般使用推拉图形的方式做粗加工，使用分层切削加深的方式做精加工。

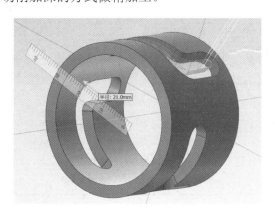

图 7-24　推拉使孔缩小

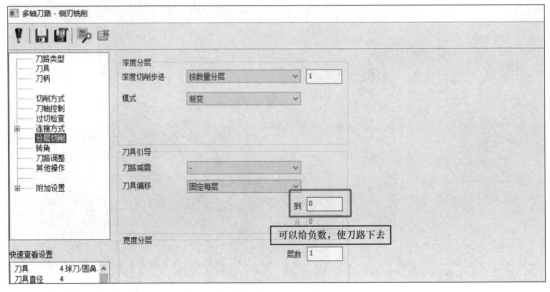

图 7-24 推拉使孔缩小（续）

3. 多轴侧刃铣削粗加工参数设置

"多轴刀路 - 侧刃铣削"对话框如图 7-25 所示，各参数设置如下：

1）选择图形：选择要加工的壁边曲面。

2）底面几何图形：如果加工的图形底面是实心的，为了避免刀具过切，则需要将底面选上。

3）引导曲线：一般不用选择，如果加工的刀轴线段乱，则需要将上边界和下边界分别串连起来。

4）引导刀具：一般选择底部曲线，让刀轴最终沿着底部曲线走。

5）延伸：如果加工的图形是开放的，则可以设置切入和切出线。

6）刀轴控制："输出方式"选择"4 轴"，"旋转轴"选择"X 轴"。不勾选"刀具指向旋转轴"，否则和到点的刀轴控制一样。

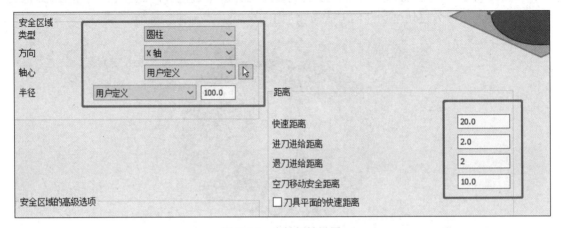

图 7-25 多轴侧铣设置

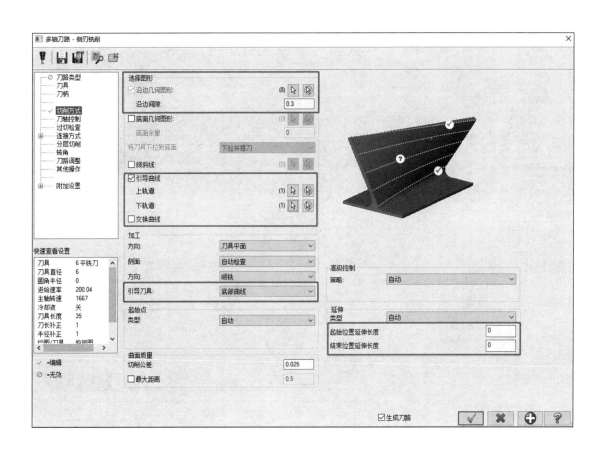

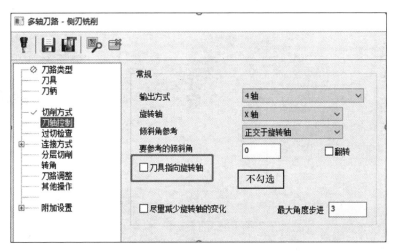

图 7-25　多轴侧铣设置（续）

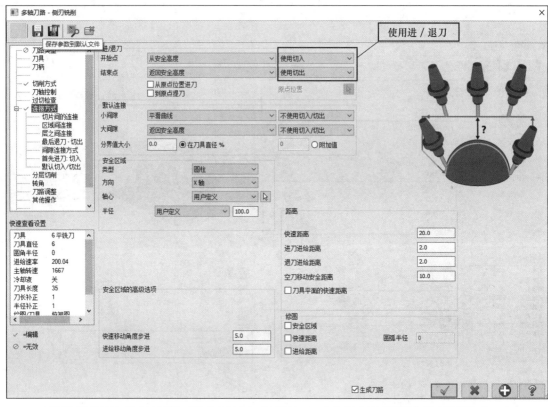

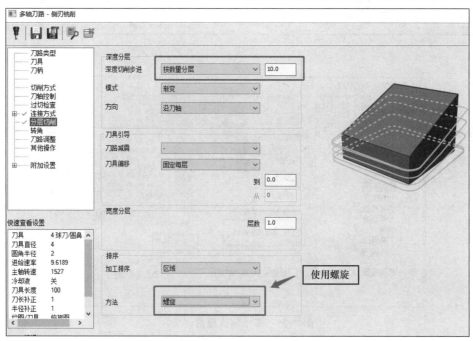

图 7-25　多轴侧铣设置（续）

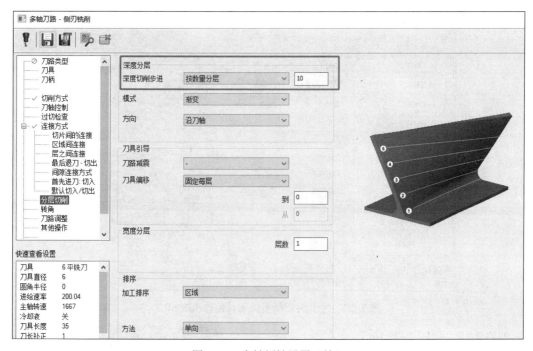

图 7-25　多轴侧铣设置（续）

7）连接方式：设置安全区域、距离和圆弧进 / 退刀。

8）分层切削：粗加工时设置轴向或者径向分层，一般使用深度分层，"方法"设为"螺旋"。

具体设置如图 7-25 所示。

多轴侧铣的粗加工刀路生成，如图 7-26 所示。

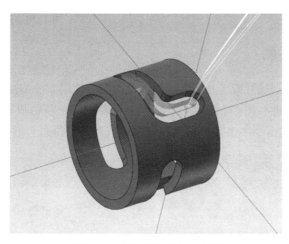

图 7-26　多轴侧铣粗加工刀路

4．多轴精加工参数设置

多轴精加工参数设置和粗加工参数设置基本一样，唯独在分层切削中将刀具偏移改成 -0.3，如图 7-27 所示。

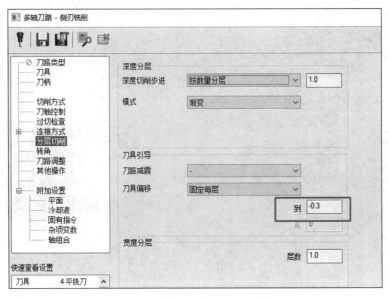

图 7-27　将分层切削里的刀具偏移改成 -0.3

刀路生成，如图 7-28 所示。

多轴侧铣技术总结：

1）粗加工使用复制的文件，并且使用推拉功能将内孔改小。

2）粗加工在分层切削里按照数量分层，可以设置螺旋。

3）精加工在分层切削里设置切削刀具偏移 -0.3mm。

图 7-28　精加工侧铣刀路生成

7.4　多轴命令：投影

有时需要给产品打上编号或者商标，这就涉及刻字的应用。在 Mastercam 里，刻字有三轴曲面刻字和多轴曲面刻字。打开素材 7-4 多轴投影，如图 7-29 所示。有个专用命令：多轴投影可在圆柱上或者任意曲面上刻字。

图 7-29　圆柱上有一串字，需要雕刻出来

多轴投影刻字具体步骤如下：

1）创建一把雕刻铣刀（实际使用时，推荐用定心钻代替，雕刻铣刀寿命太短），如图 7-30 所示。

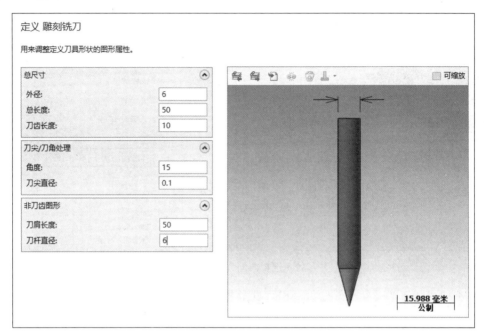

图 7-30　创建雕刻铣刀

2）单击"切削参数"—"投影"，用框选功能选择曲面上的字，如图 7-31 所示。

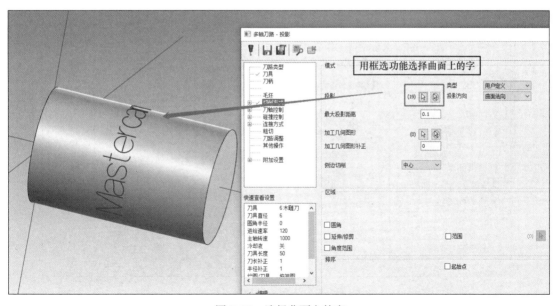

图 7-31　选择曲面上的字

3）选择曲面为加工几何图形，如图 7-32 所示。

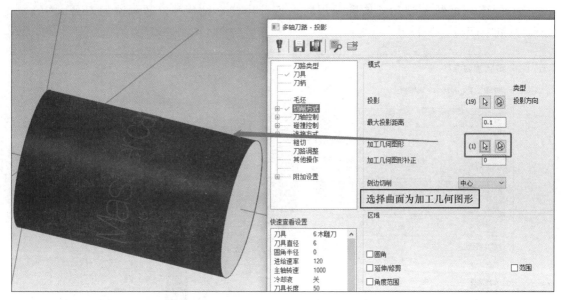

图 7-32　选择曲面为加工几何图形

4）"加工几何图形补正"输入 -0.1，此处根据实际要求设置，如果需要刻 0.5mm 深，则输入 -0.5。

5）设置刀轴控制参数，"输出方式"选择"四轴"，"刀轴控制"选择"倾斜曲面"，即让刀具垂直于曲面刻字。前倾角和侧倾角均不设置，如图 7-33 所示。

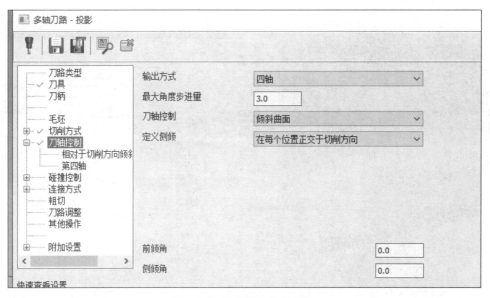

图 7-33　设置刀轴控制参数

6）在"连接方式"里设置"安全区域"和"距离"，具体设置如图 7-34 所示。

7）其余设置默认，生成刀路，如图 7-35 所示。

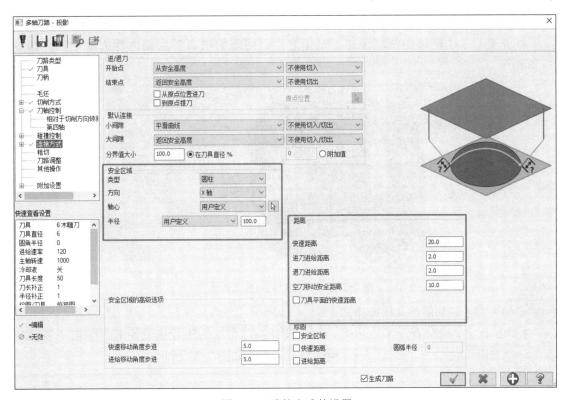

图 7-34 连接方式的设置

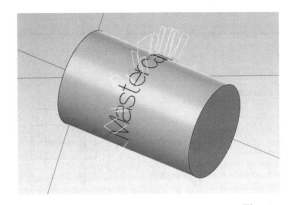

图 7-35 生成刀路

多轴投影命令技术总结如下：

1）选择刀具为定心钻。

2）切削参数里"投影"选择要刻的字。

3）"加工几何图形"选择被刻字的面。

4）加工几何图形补正设置负数，为刻字的深度。

7.5 多轴命令：去除毛刺

在加工完一个零件后会进行去毛刺的工作，在联动编程里，用多轴去除毛刺的功能比较好，但是这个去除毛刺的功能有个局限，就是只能使用球形刀具，即糖球型铣刀或者球形铣刀。

打开素材 7-3 多轴侧铣，在加工过槽之后，两端的槽口都需要进行去除毛刺，如图 7-36 所示。

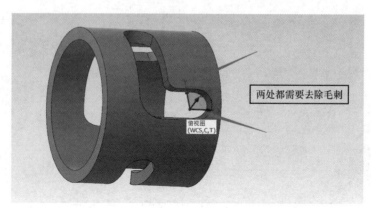

图 7-36　两端槽口均需要去除毛刺

多轴去除毛刺功能的具体操作如下：

1）由于这个槽口有一半在内部，所以选择糖球型铣刀进行去除毛刺。单击"多轴加工"—"去除毛刺"—"刀具"—"糖球型铣刀"，如图 7-37 所示。

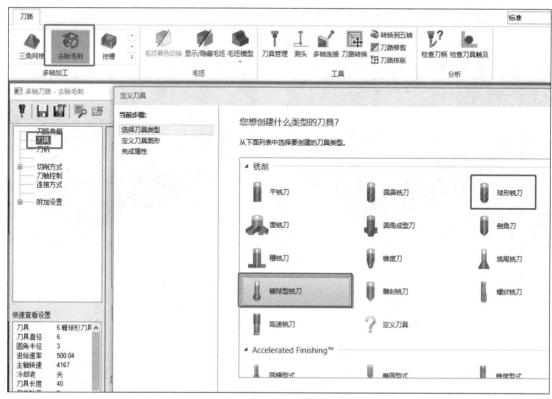

图 7-37　选择糖球型铣刀

2）根据实际情况选择刀具并设置参数，该参数和实际车间所使用的刀具要保持一致，保证刀具能够进入槽口，如图 7-38 所示。

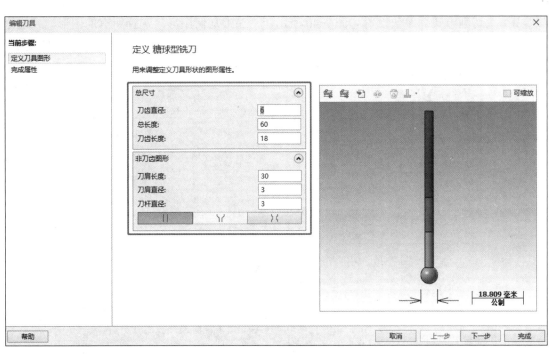

图 7-38　设置糖球型铣刀的基本参数

3）装载刀柄，保证同车间使用的刀柄和刀具的夹持长度保持一致，如图 7-39 所示。

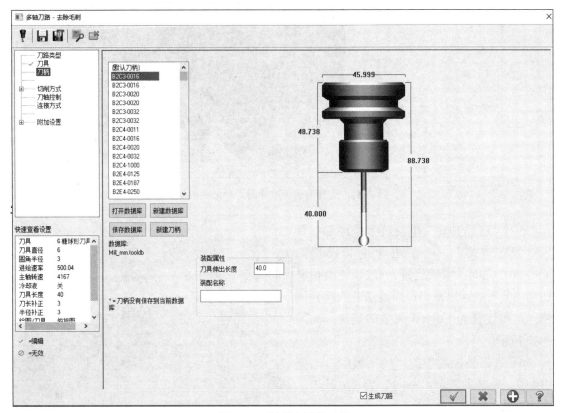

图 7-39　装载合适的刀柄

4）"切削方式"参数设置如图 7-40 所示，"加工几何图形"选择所有的图形，"边缘定义"设置为"用户定义"，"用户定义边缘"选择要倒角去毛刺的边界线，如图 7-41 所示。

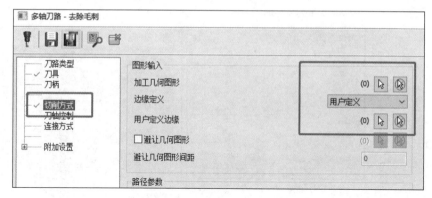

图 7-40　切削方式需要设置加工几何图形和边缘定义

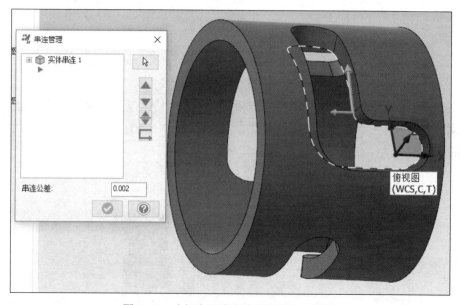

图 7-41　选择内部边缘线为用户定义边缘

5）"路径参数"里设置"边缘形状"为"固定宽度"，一般去除毛刺设置为 0.1 ～ 0.3 之间，本次设置为 0.2。"沿边缘切削次数"的意思是当前需要切几次得到倒角，这里设置为 1.0，其他全部默认，如图 7-42 所示。

6）"刀轴控制"的"加工类型"选择"4 轴（旋转）"，"方向"为"X 轴"，其余默认，如图 7-43 所示。

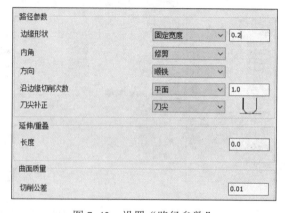

图 7-42　设置"路径参数"

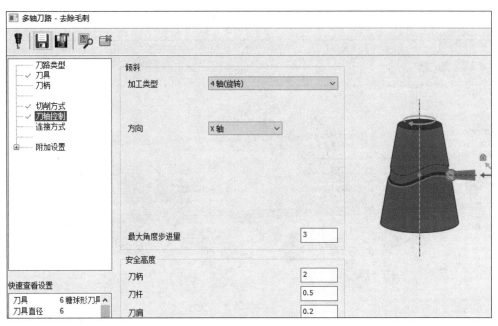

图 7-43　设置"刀轴控制"参数

7）设置"连接方式"里的"安全高度"，设置进 / 退刀，由于槽比较窄，所以本次设置得小一点，如图 7-44 所示。

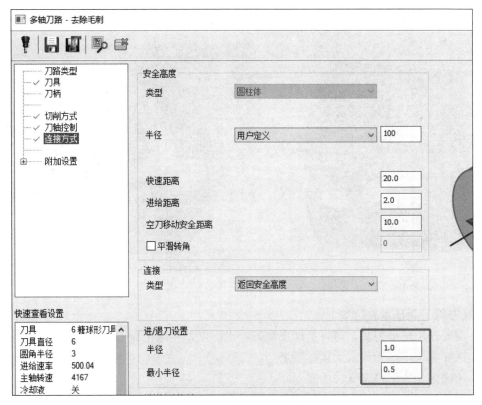

图 7-44　设置连接方式

8）设置"附加设置"，所有视图均为俯视图，如图 7-45 所示。

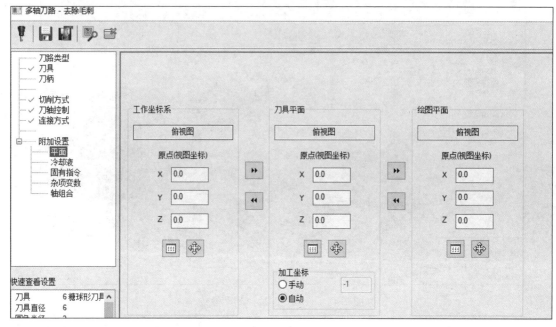

图 7-45 设置"附加设置"参数

9）程序生成，是联动倒角的一个刀路，包含圆弧进 / 退刀，如图 7-46 所示。

10）在实体上模拟，结果如图 7-47 所示。

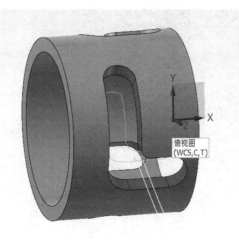

图 7-46 生成刀路

图 7-47 实体模拟结果

多轴去除毛刺技术总结如下：

1）需要使用球形刀具，可以是球形铣刀，也可以是糖球型铣刀。

2）选择加工图形为所有的实体图形。

3）边缘定义为用户定义。

4）刀轴控制为四轴旋转。

7.6 多轴命令：多轴渐变

多轴渐变类似三轴里的熔接，是两边界内要加工，以四轴的输出方式生成刀路。打开素材 7-6 多轴渐变，如图 7-48 所示，像这种很规矩的槽类零件，非常适合用渐变的方法来编程。

该零件的编程工艺安排是先用多轴高级旋转做粗加工，然后用渐变做精加工（加工一个区域），最后进行路径转换。这个零件可以使用刀轴控制的"从串连"作为控制方法，在加工前先绘制刀轴控制用的辅助线。具体步骤如下：

1）单击"模型准备"—"修改实体特征"，选择"创建主体"，创建一个主体，如图 7-49 所示。

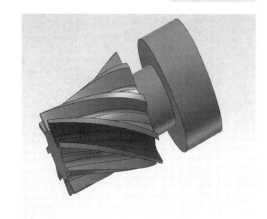

图 7-48　两边界内部是加工区域

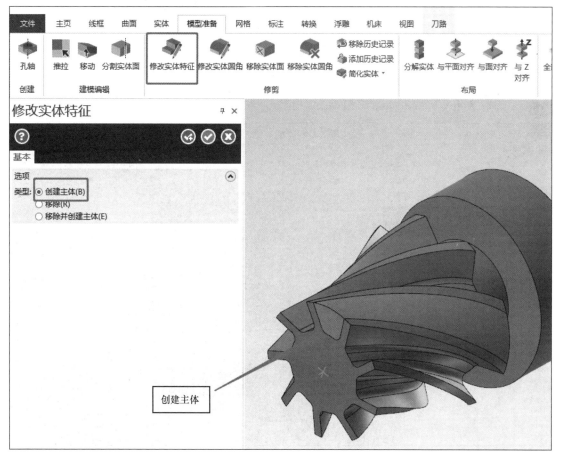

图 7-49　创建主体

2）由实体生成曲面，如图 7-50 所示。

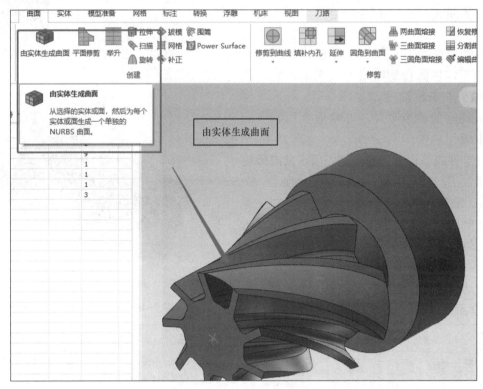

图 7-50　由实体生成曲面

3）提取 3 条 UV 线，如图 7-51 所示。

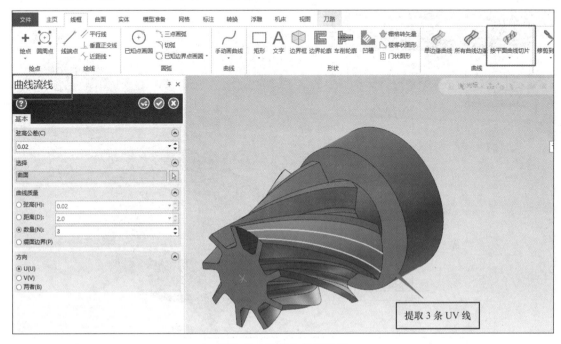

图 7-51　提取 3 条 UV 线

4）将中间的 UV 线往上方平移，当感觉可以通过它控制刀轴不碰撞的位置（这个没有标准位置，就是靠感觉）时，生成刀路，如图 7-52 所示。如果有碰撞过切，可以再次调节。

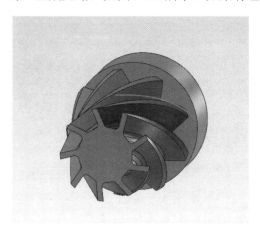

图 7-52　将 UV 线往上调节一个位置

辅助线绘制结束，就可以编写多轴渐变刀路了。具体编程步骤如下：

1）选择 ϕ4mm 球形铣刀并装载刀柄。

2）单击"切削方式"，设置"从模型"为"曲线"，选择加工面上方边界，"到模型"选择下方边界，"加工面"为中间区域内的 5 个面，如图 7-53 所示。

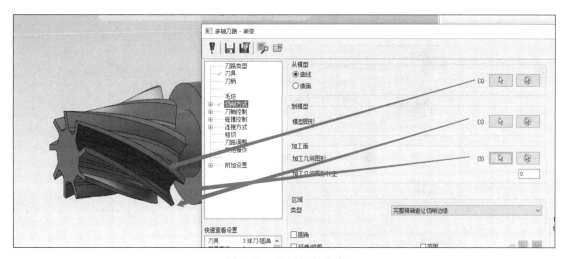

图 7-53　设置切削方式

"区域类型"设为"完整精确避让切削边缘"，勾选"延伸/修剪"，设置切削公差和步进量，如图 7-54 所示。

3）勾选"延伸/修剪"后，在"切削方式"下方出现"修剪/延伸"的下级菜单，这个功能可以将刀路向两端和侧边进行延伸，"延伸切线"就是两端面延伸，具体设置如图 7-55 所示。

4）单击"刀轴控制"，"输出方式"选择"四轴"，"刀轴控制"选择"到点"，选择旋转中心点为刀轴控制点，如图 7-56 所示。

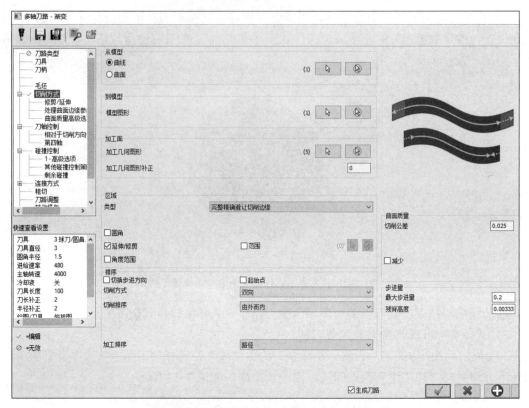

图 7-54 设置区域类型、切削公差和步进量

图 7-55 刀路可以向两端和侧边进行延伸

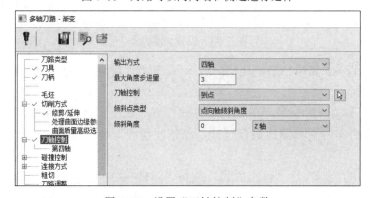

图 7-56 设置"刀轴控制"参数

5）碰撞控制开启，将第 1 项所有的设置都勾选，如图 7-57 所示。

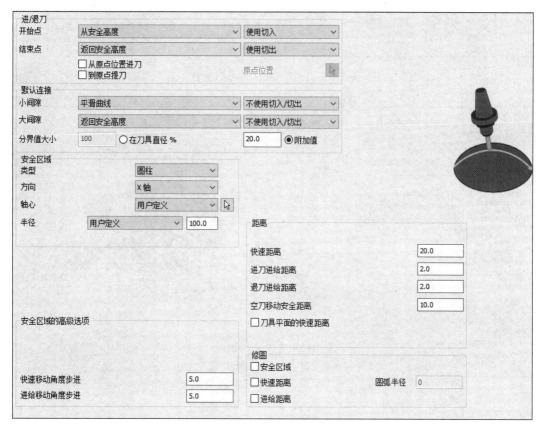

图 7-57　碰撞控制开启

6）连接方式设置切入 / 切出、安全区域和退刀距离，如图 7-58 所示。

图 7-58　设置连接方式

7）设置"默认切入 / 切出"，进刀设置切线的方式，复制到退刀，如图 7-59 所示。

8）设置"刀路调整"的"轴 / 方向"为"X 轴"，旋转 8 次，每次 45°。这个功能类似路径转换，是内部的路径转换，如图 7-60 所示。

9）设置"附加设置"，全部都是俯视图，如图 7-61 所示。

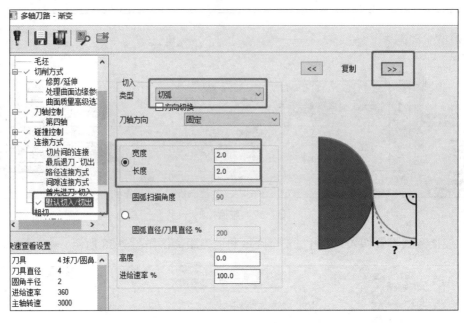

图 7-59　设置"默认切入 / 切出"

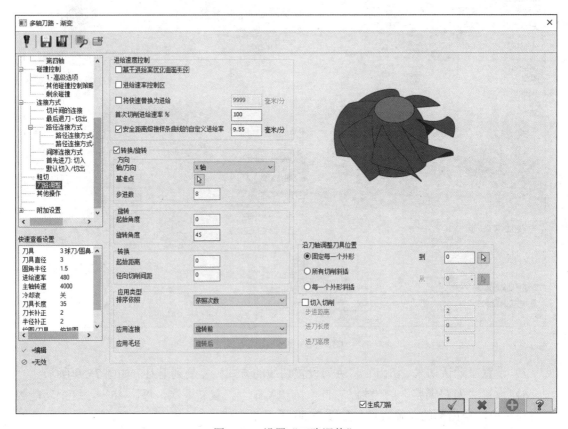

图 7-60　设置"刀路调整"

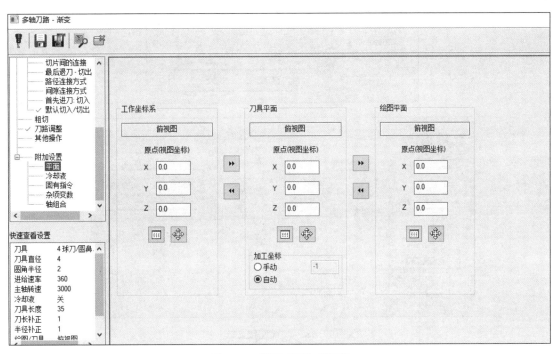

图 7-61　设置"附加设置"

刀路生成，如图 7-62 所示，发现有两个地方可以优化。

图 7-62　多轴渐变刀路

1）刀路提刀太高了。

2）只有 1 个进 / 退刀，在其他几个区域的连接里没有进 / 退刀。

提刀高度是设置"连接方式"的"安全区域"，进 / 退刀在"路径连接方式"里设置，如图 7-63 所示。

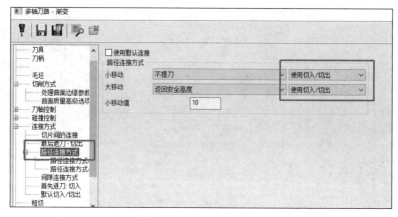

图 7-63　设置连接方式

再次生成刀路，如图 7-64 所示，提刀半径是 50mm，且每个区域都有进 / 退刀的连接。

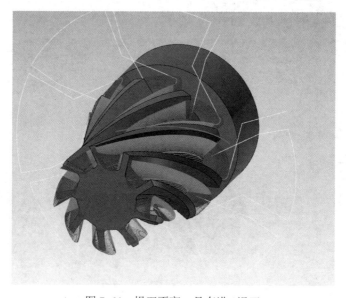

图 7-64　提刀不高，且有进 / 退刀

多轴渐变刀路技术总结如下：

1）刀路是由两个边界和面设置而成的。

2）优先选择球形铣刀加工。

3）刀路可以延伸。

4）可以使用刀路调整进行路径转换。

5）每个区域之间的路径都可以设置圆弧进 / 退刀。

7.7　多轴命令：平行

打开素材 7-7 多轴平行搅龙轴，如图 7-65 所示，是一个搅龙轴，可以用多轴命令的平行进行编程加工。

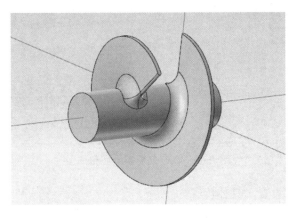

图 7-65　搅龙轴可以用平行进行编程加工

多轴平行生成刀路的原理是在加工面上生成刀路，刀路平行于一条线，或者一个面，或者一个角度（可以是 0°、90° 或者任意角度，四轴一般是 0°）。

该工件的编程工艺是先用高级旋转粗加工，然后平行精加工侧边，接着用替换轴精加工底面。下面讲解如何平行精加工侧边叶片面。

这里运用到的功能是多轴平行里的平行到曲面，即将内部圆柱面提取出来，让刀路在叶片面上生成，然后平行往内部收。首先做一个辅助面，具体步骤如下：

1）新建图层，由实体生成曲面，如图 7-66 所示。

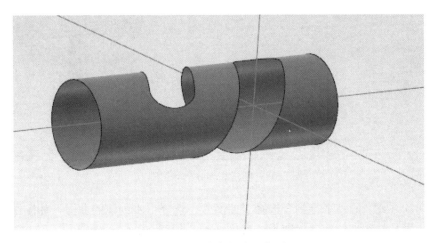

图 7-66　由实体生成曲面

2）单击"曲面"—"恢复修剪"，将曲面恢复成完整曲面，如图 7-67 所示。

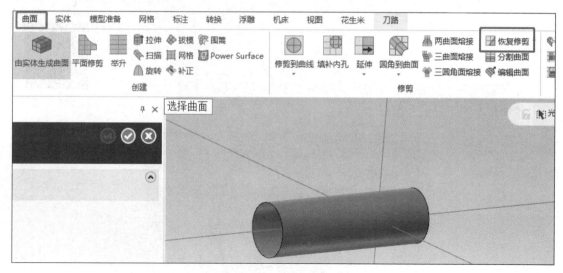

图 7-67　恢复修剪得到完整曲面

然后进行多轴平行设置，具体步骤如下：

1）创建 ϕ6mm 糖球型铣刀（本素材有点倒扣，得使用糖球型铣刀），如图 7-68 所示。

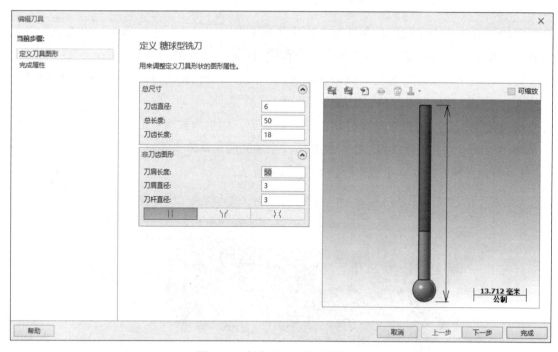

图 7-68　创建 ϕ6mm 糖球型铣刀

2）"切削方式"的"平行到"选择"曲面"，选择上步创建的曲面，如图 7-69 所示。

3）"加工几何图形"选择需要加工的叶片面，如图 7-70 所示。

4）"切削方式"设为"螺旋"，"最大步进量"设为 1.0（为了生成程序快一点，方便优化，优化成功后改成 0.2 左右），如图 7-71 所示。

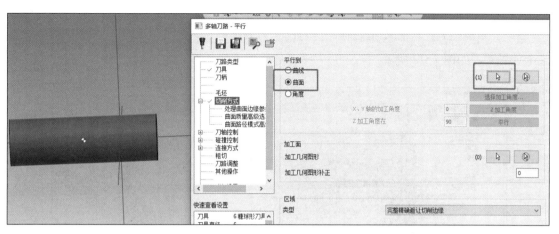

图 7-69　选择平行到曲面

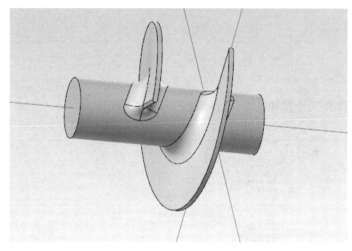

图 7-70　选择叶片面为加工几何图形

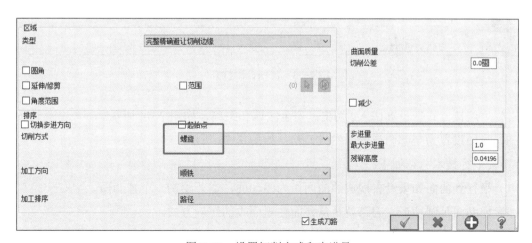

图 7-71　设置切削方式和步进量

5）"刀轴控制"选择"第四轴"，勾选"刀具指向旋转轴"（和到点、选择圆心点是一个意思），如图 7-72 所示。

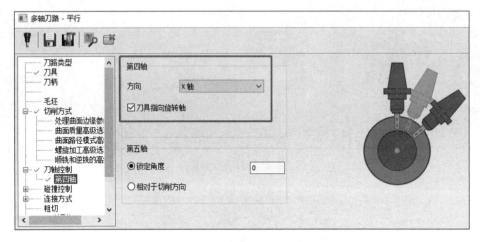

图 7-72　"刀轴控制"选择"第四轴"

6）碰撞控制打开，设置如图 7-73 所示。

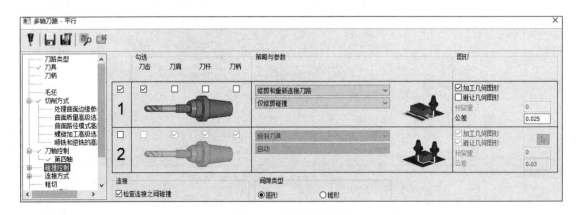

图 7-73　碰撞控制打开

7）"连接方式"设置切入 / 切出、安全区域和距离，如图 7-74 所示。

8）附加设置为全部俯视图，生成刀路，如图 7-75 所示。

多轴平行技术总结如下：

1）平行到曲面如果没有现成的曲面作为驱动面，需要绘制一个辅助面。

2）辅助面是圆柱形，刀路就是从外面往里面收的螺旋方式。

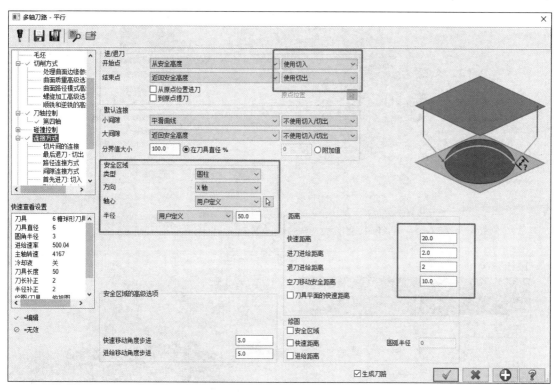

图 7-74　设置"连接方式"

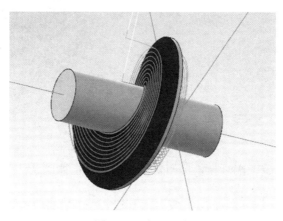

图 7-75　生成刀路

7.8　多轴命令：沿曲线

多轴沿曲线的含义是在引导线的引导下，引导线四周的加工面全部生成刀路覆盖在上面。打开素材 7-8 多轴沿曲线，除了可以用之前的通道命令加工管道之外，还可以用多轴沿曲线的命令来加工。在编写程序之前，先提取实体曲面并恢复修剪，如图 7-76 所示。

创建沿曲线刀路之前，先创建引导线。找到曲线的中心线，具体提线的步骤如下：

1）创建 UV 线：单击"曲线"—"按平面曲线切片"—"曲线流线"，如图 7-77 所示，选择曲面。

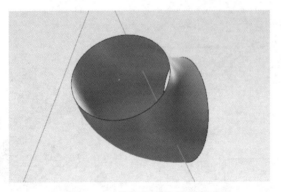

图 7-76　提取曲面并恢复修剪

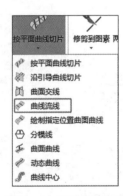

图 7-77　选择曲线流线

2）"数量"输入 5，创建 4 条沿着通道走的 V 线，如图 7-78 所示。

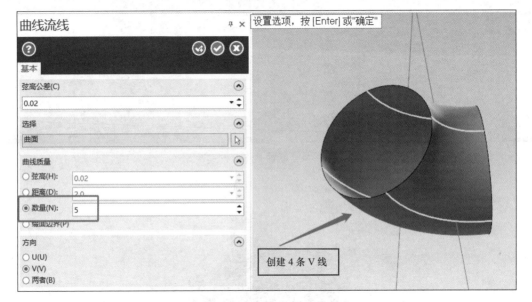

图 7-78　创建 4 条 V 线

3）单击"线框"—"线端点"，将对角线连接起来，如图 7-79 所示。

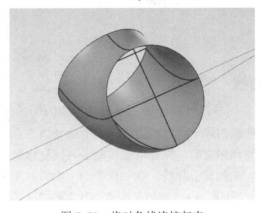

图 7-79　将对角线连接起来

4）单击"曲面"—"网格"，将画好的线串连起来并形成曲面，如图 7-80 所示。

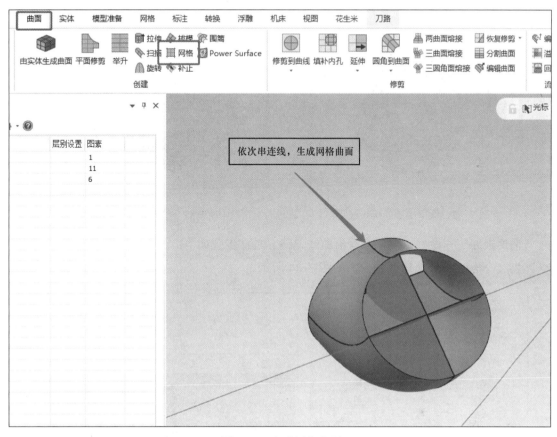

图 7-80　生成网格曲面

5）单击"曲线"—"按平面曲线切片"—"曲面交线"，分别选择中间上步绘制的网格曲面，提取中心相交线，如图 7-81 所示。

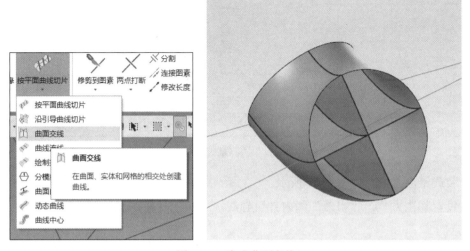

图 7-81　生成曲面交线

6）删除所做的辅助面和辅助线，留下中心的引导线，如图 7-82 所示。

7）在侧视图方向绘制一条刀轴控制线，如图 7-83 所示。

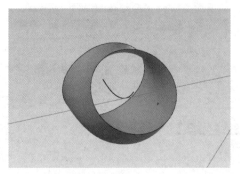

图 7-82　保留中心的引导线　　　　　图 7-83　绘制刀轴控制线

前期辅助工作做好，现在编写沿曲线刀路，具体步骤如下：

1）选择 φ12mm 糖球型铣刀，如图 7-84 所示。

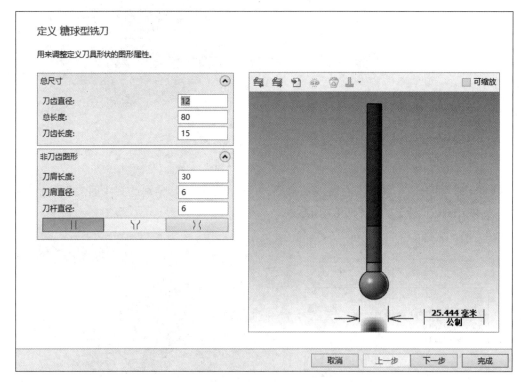

图 7-84　选择糖球型铣刀

2）装载锥度刀柄，如图 7-85 所示。

3）设置切削方式，"引线"为内部引导线，"加工几何图形"选择整个实体面，如图 7-86 所示。

4）设置"切削方式"为"螺旋"，"最大步进量"为 1，如图 7-87 所示。

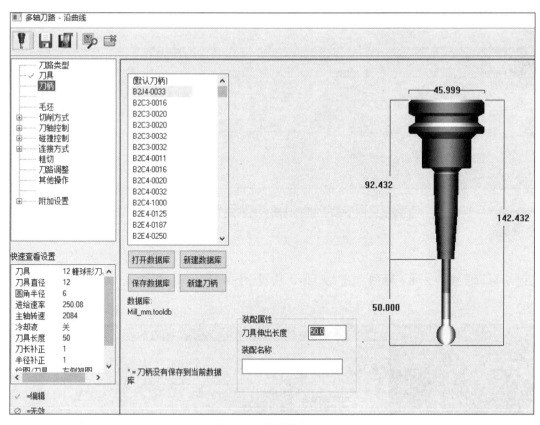

图 7-85 装载锥度刀柄

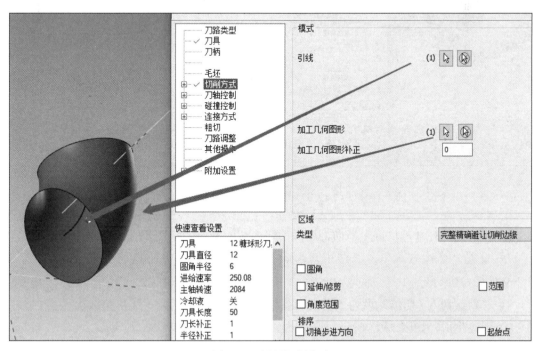

图 7-86 设置切削方式

图 7-87　设置切削方式和最大步进量

5）"刀轴控制"的"输出方式"设为"四轴"，"刀轴控制"选择"从串连"，选择之前绘制的直线，"曲线倾斜方式"设为"从开始到结束"，如图 7-88 所示。

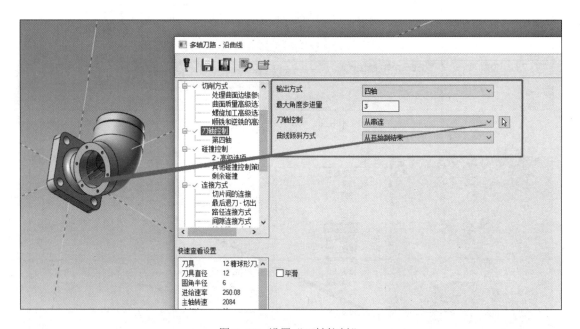

图 7-88　设置"刀轴控制"

6）碰撞控制打开，设置干涉面为产品的端面和侧壁，如图 7-89 所示。

7）设置"连接方式"，"结束点"设为"始终由通道中心返回到安全区域"，如图 7-90 所示。

8）"默认切入 / 切出"设为"垂直切弧"，如图 7-91 所示。

9）刀路生成，如图 7-92 所示。

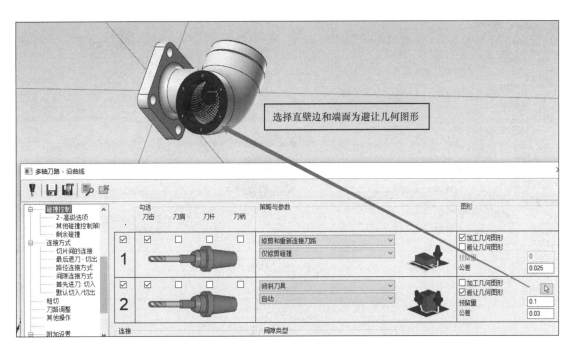

图 7-89　设置"碰撞控制"

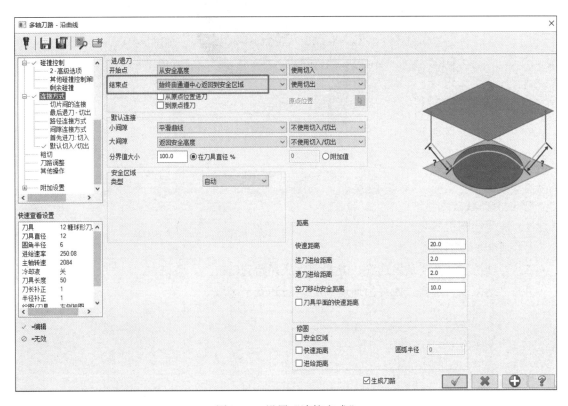

图 7-90　设置"连接方式"

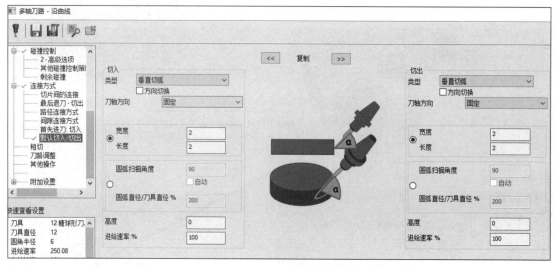

图 7-91　设置"默认切入/切出"

图 7-92　生成刀路

多轴沿曲线技术总结：

1）需要绘制引导线。

2）适合加工通道类工件。

3）刀轴控制选择"从串连"，方式为"从开始到结束"。

4）"结束点"选择"始终由通道中心返回到安全区域"。

第❽章 Mastercam 2022 新增功能 "统一的"

在 Mastercam 2022 里新增了一个功能——"统一的",这个功能将多轴"投影""渐变""沿曲线""平行"命令合并,使编程更加方便、快捷。下面我们来讲解"统一的"功能里常用的方法。

8.1 统一导线

打开素材 8-1,如图 8-1 所示,圆柱上有圆形凸台,这样的产品用多轴统一的刀路非常方便和简单。工艺安排为先定轴粗加工,后联动精加工。

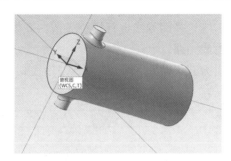

图 8-1 圆柱上有圆形凸台

使用联动精加工的步骤如下:

1)分析凸台的圆弧角,是 $R3.5mm$,可以使用 $\phi5 \sim \phi6mm$ 的球形铣刀做精加工。半精加工和精加工的方法都是一样的,区别在于余量不同。本次使用 $\phi6mm$ 球形铣刀。

2)选择"加工几何图形"为外圆面,如图 8-2 所示。

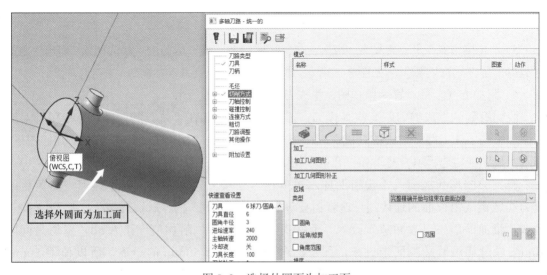

图 8-2 选择外圆面为加工面

3）选择模式为导线，选择端面圆弧线为导线图素，切削方式选择单向，其他默认，如图 8-3 所示。

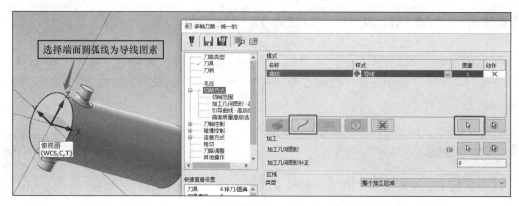

图 8-3　选择端面圆弧线为导线图素

导线的含义是：让刀路围绕选择的导线进行环绕生成。此处导线的图素是端面的圆弧，以平行于这条圆弧线的方式生成刀路。

4）"刀轴控制"的"输出方式"设为"四轴"，"刀轴控制"设为"倾斜曲面"，其他默认，如图 8-4 所示。

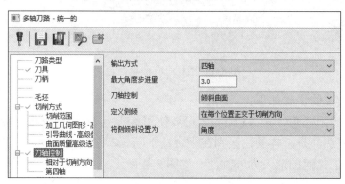

图 8-4　设置"刀轴控制"

5）"连接方式"里设置切入 / 切出、安全区域以及距离，球刀的"默认切入 / 切出"用的"类型"是"垂直切弧"，如图 8-5 所示。

6）附加方式全部设置为俯视图，生成刀路，如图 8-6 所示。

我们看到，生成的刀路有很多提刀，需要优化设置。在"统一的"里有个专门针对圆弧面加工孔，让刀路绕过去的功能，叫"填充孔"。单击"切削方式"—"加工几何图形 - 高级参数"，勾选"填充孔"和"孔内不切削"，如图 8-7 所示。

得到的图形和之前几乎没有两样。再单击"连接方式"，让刀路不提刀，将黄色的提刀线转换成沿曲面的连接线，这就需要设置"连接方式"的"默认连接"，将"小间隙"改成"沿曲面"，"大间隙"改为"返回提刀高度"，"附加值"设为 50，意思是间隙 50mm 以内就沿着圆弧面走过来，图形凸台面明显没有 50mm 的距离，所以使用 50mm 足够，如图 8-8 所示。

再次生成刀路，如图 8-9 所示。

优化好刀路后直接定轴，再做个等高，精加工圆凸台就加工好了。

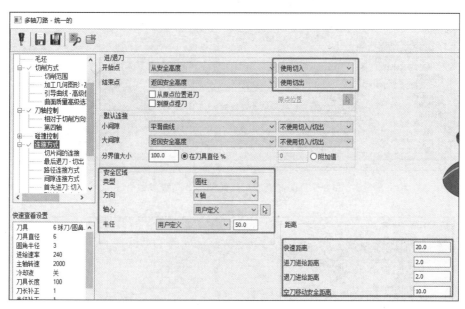

图 8-5　设置连接方式

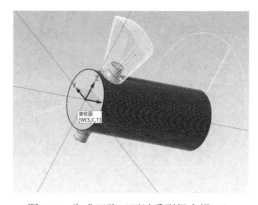

图 8-6　生成刀路（可以看到很多提刀）

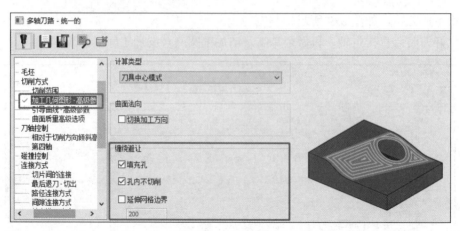

图 8-7　设置"加工几何图形—高级参数"

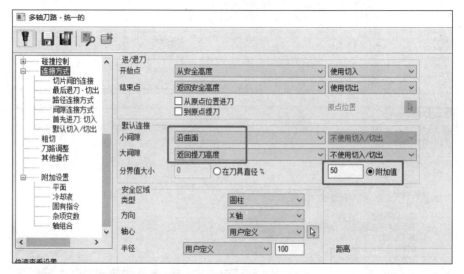

图 8-8　大小间隙的设置

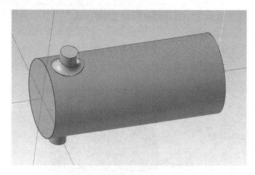

图 8-9　选择"填充孔"生成刀路

统一导线技术总结如下：

1）要选择一条线作为引导图素，以刀路平行于这条线的方式生成刀路。这条线可以是一条线段，也可以是闭环的圆弧线。

2）"填充孔""孔内不切削"功能适合中间需要避开的图形加工。

8.2 统一渐变

打开素材 8-2，如图 8-10 所示，是一个螺旋槽，工艺是粗加工结束后用球刀联动精加工。

这样的槽类工件，可以分为 U/V 两种方式精加工，一种是沿着槽走刀，另一种是垂直槽走刀，一般是按照 U 方向加工，如图 8-11 所示。

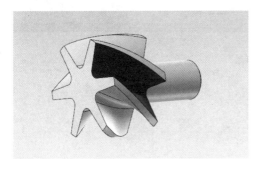

图 8-10 螺旋槽工件

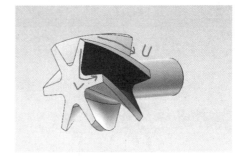

图 8-11 精加工刀路走向有两种方式

可以用多轴统一里的渐变方法来编程，具体步骤如下：

1）动态分析最小处 R 角，发现最小处是 R2.85mm，所以得用直径 5mm 以内的球形铣刀做精加工，本次使用 ϕ4mm 球形铣刀，如图 8-12 所示。

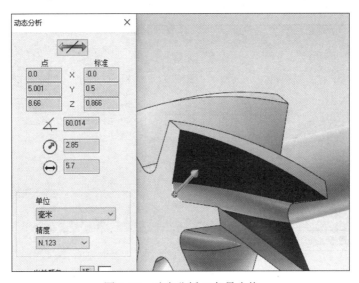

图 8-12 动态分析 R 角最小值

2）"样式"选择"加工边界 - 渐变"，"加工几何图形"选择单个区域的 3 个面，"加工几何图形补正"不留余量，"切削方式"选择"Z 字形"，"最大步进量"设为 0.2，如图 8-13 所示。

渐变的意思是以两条长边为基准，从一条边出发走刀路，一直走到另一条边结束，在两条边之间的曲面上生成刀路。

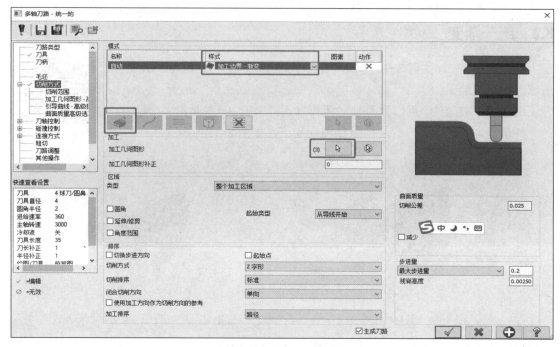

图 8-13　统一渐变的切削方式设置

3）"刀轴控制"的"输出方式"选择"四轴"，"刀轴控制"选择"从串连"—串连线选择工件圆弧槽上方画的斜线，如图 8-14 所示。

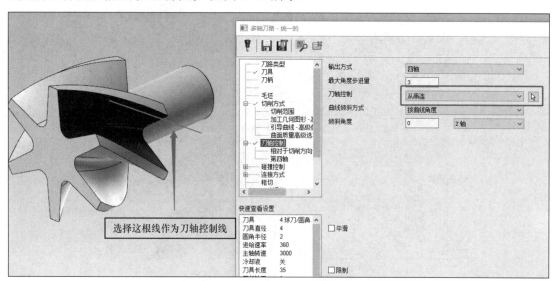

图 8-14　"刀轴控制"选择"四轴""从串连"

4）设置进 / 退刀，生成刀路，如图 8-15 所示。

图 8-15 所示生成的刀路并不是想要的沿着 UV 线的切削，需要优化一下。具体步骤如下：

1）单击"参数"—"切削方式"—"引导曲线 - 高级参数"，勾选"提取流曲线"，如图 8-16 所示。

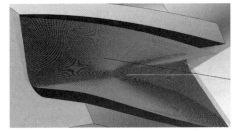

图 8-15　生成刀路　　　　　图 8-16　设置"引导曲线 - 高级参数"参数

2）生成刀路，如图 8-17 所示。

3）刀路生成后可以用自带的刀路调整功能进行路径的复制，单击"刀路调整"，"轴 / 方向"设为"X 轴"，"步进数"输入 6，"旋转角度"输入 60，再单击"路径连接方式"，取消勾选"使用默认连接"，打开"使用切入 / 切出"，如图 8-18 所示。

4）生成刀路，如图 8-19 所示。打开路径连接方式是为了让每个区域的路径之间也能执行圆弧的进 / 退刀。

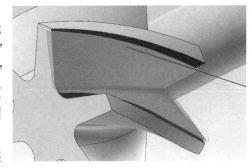

图 8-17　沿着 UV 线生成刀路

5）如果生成的刀路有不顺滑的地方，就在旋转模式时创建两条导线，如图 8-20 所示。

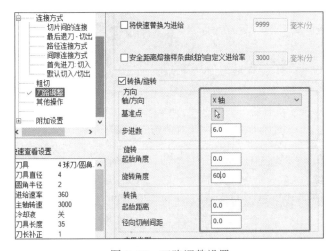

图 8-18　刀路调整设置

图 8-18　刀路调整设置（续）

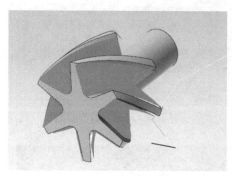

图 8-19　刀路最终结果

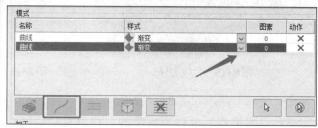

图 8-20　模式为两条导线生成的渐变

6）选择两条边界线为引导线，如图 8-21 所示。

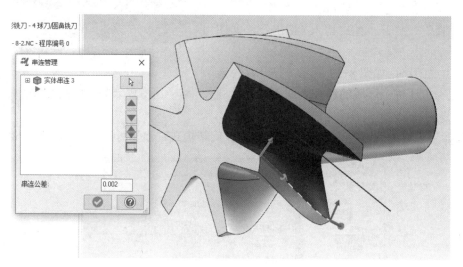

图 8-21　分别选择两条边界线为引导线

7）生成刀路的结果是一样的。这个方法和"多轴渐变"的设置很接近。

统一渐变技术总结：

1）可以直接在"模式"里选择"实体边界 - 渐变"的模式，也可以选择两条导线作为渐变引导线。

2）选择"实体边界 - 渐变"的模式时，记得勾选"提取流曲线"。

3）适合长条形规则图形的编程。

8.3　统一曲面

打开素材 8-3，如图 8-22 所示，可以看到前端圆柱是有锥度的，无法使用替换轴作为精加工底面的手段，在这里可以使用统一曲面的方法加工。

统一曲面的具体步骤如下：

1）动态分析根部圆弧，得到 R2mm，所以需要用 ϕ3mm 球形铣刀加工。

2）切削方式：模式选择添加曲线行，"样式"设为"流线 V"，如图 8-23 所示。

3）加工面只选择锥度面，两处倒角均不选。有时编程需要按照特定的区域来选择，并不一定要追求一起编程。切削方式为双向，步距为 0.3mm，如图 8-24 所示。

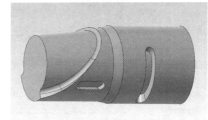

图 8-22　前端圆柱有锥度，无法直接用替换轴方法加工

图 8-23　切削方式的选择

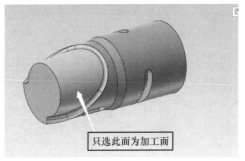

图 8-24　选择锥度面为加工面

4）刀轴控制为四轴，倾斜曲面。

5）"碰撞控制"设置"策略与参数"为"倾斜刀具""自动"，勾选"避让几何图形"，选择加工面旁边的圆弧倒角，如图 8-25 所示。

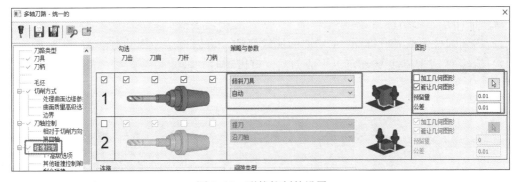

图 8-25　碰撞控制的设置

6）"连接方式"的 3 处设置，如图 8-26 所示。

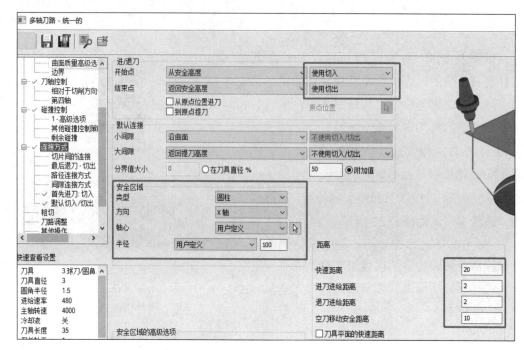

图 8-26　连接方式设置

7）刀路生成，如图 8-27 所示，看起来非常好。如果刀路线是竖的，需要反向，则使用流线 U 的方式。

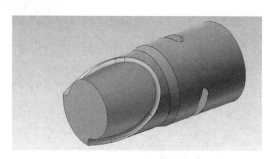

图 8-27　生成刀路

统一曲面技术总结：

1）遇到圆柱面或者圆锥面，UV 曲面比较好的，可以直接使用此方法。

2）流线 U 或者流线 V 都可以生成刀路，可以随时切换。

第❾章 经典实例讲解 >>>

9.1 实例1：四轴经典实例

打开素材9-1，如图9-1所示，是数控大赛的一个实例，需要用到的知识点是定轴编程和替换轴编程。

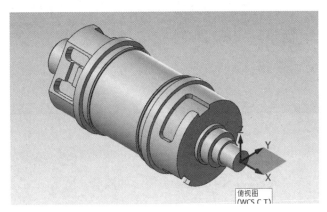

图9-1 四轴经典实例

加工本产品左边需要定轴，右边需要替换轴配合多轴侧铣。

首先创建模拟用毛坯，具体步骤如下：

1）创建毛坯方便模拟：新建图层，单击"线框"—"车削轮廓"，选择实体主体，创建车削轮廓，如图9-2所示。

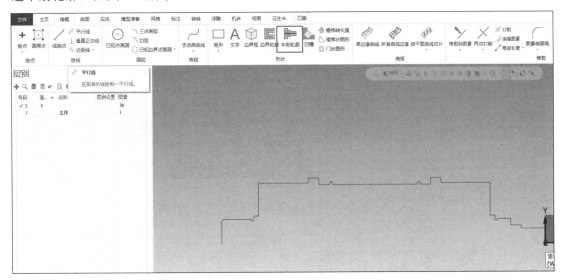

图9-2 创建车削轮廓

153

2）从中间连线，创建实体旋转的中间轴线，如图 9-3 所示。

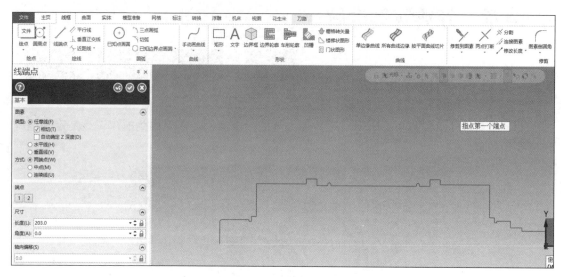

图 9-3　创建中间轴线

3）单击"实体"—"旋转"，创建旋转实体，如图 9-4 所示。

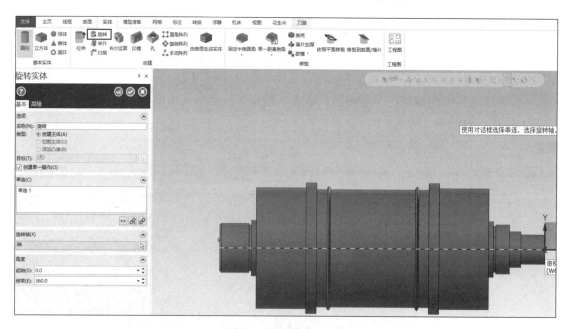

图 9-4　创建旋转实体

4）设置该实体为毛坯，方便后续模拟刀路，具体如图 9-5 所示。

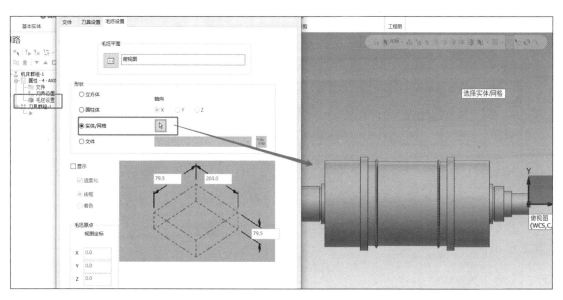

图 9-5　设置毛坯

其次，编定轴的程序加工左边部位。具体步骤如下：

1）单击"平面"，单击"依照实体面"定面，选择实体面，命名为 1，坐标系清零，如图 9-6 所示。

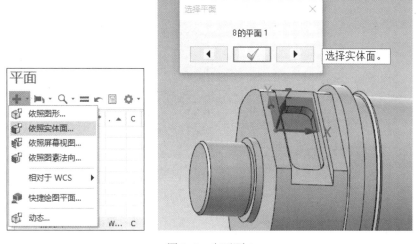

图 9-6　定平面 1

2）1 号平面全部点亮后，将要加工的实体摆正，然后当成三轴编程，如图 9-7 所示。

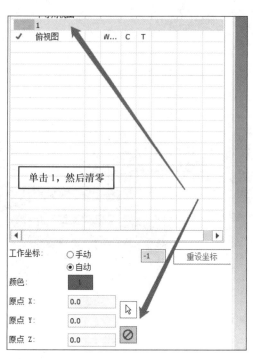

图 9-6　定平面1（续）

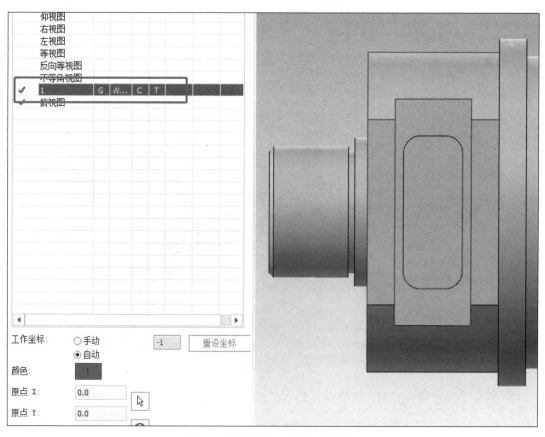

图 9-7　摆正图形，当成三轴编程

3）编写三轴程序，如图 9-8 所示。

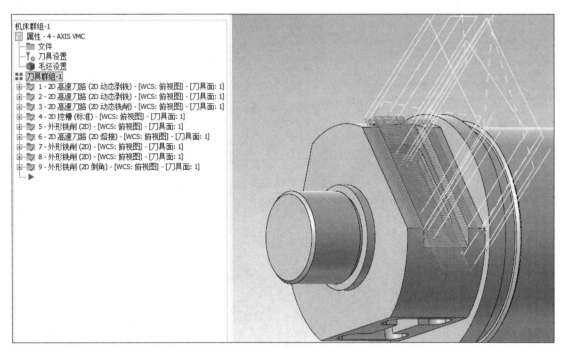

图 9-8　编写三轴程序

4）2D 动态剥铣加工上表面，如图 9-9 所示。

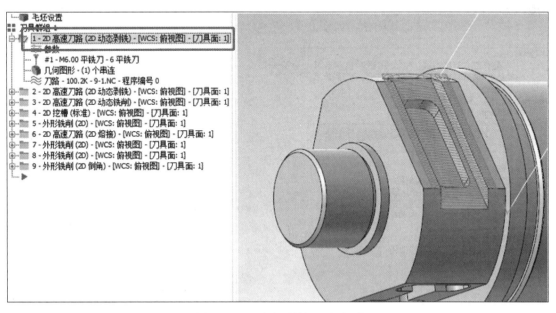

图 9-9　2D 动态剥铣加工上表面

5）2D 动态剥铣加工里面两端开放槽，如图 9-10 所示。

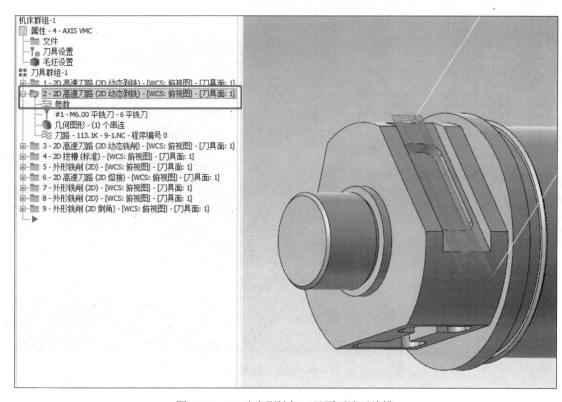

图 9-10　2D 动态剥铣加工里面两端开放槽

6）2D 动态铣削里面封闭槽，如图 9-11 所示。

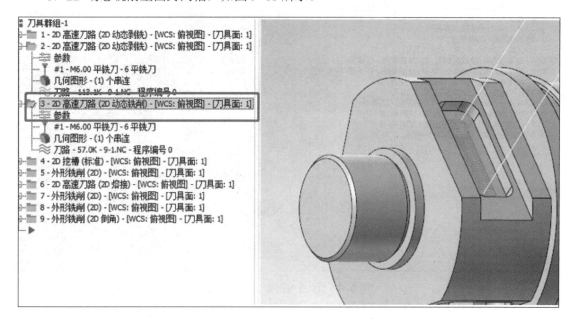

图 9-11　2D 动态铣削里面封闭槽

7）2D 挖槽精加工封闭槽底面，如图 9-12 所示。

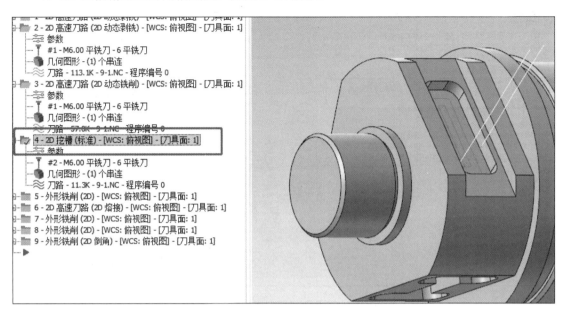

图 9-12　2D 挖槽精加工封闭槽底面

8）外形铣削精加工里面槽侧壁，如图 9-13 所示。

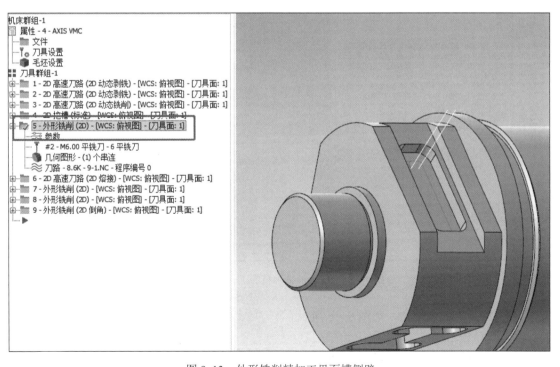

图 9-13　外形铣削精加工里面槽侧壁

9）2D 熔接精加工里面开放槽，如图 9-14 所示。

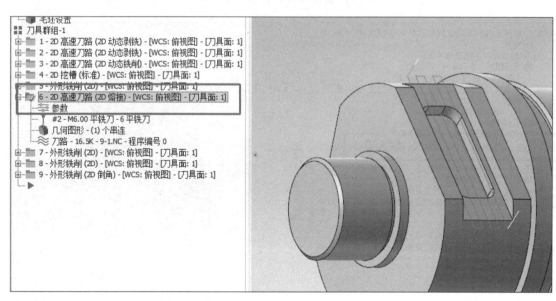

图 9-14　2D 熔接精加工里面开放槽

10）2D 外形铣削精加工上表面底面，如图 9-15 所示。

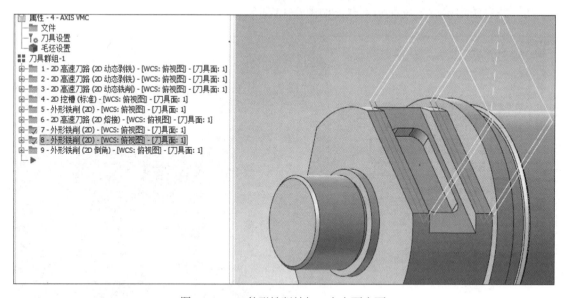

图 9-15　2D 外形铣削精加工上表面底面

11）2D 外形铣削倒角，如图 9-16 所示。

12）实体模拟完成，如图 9-17 所示。

接着用定面做另外一个面。具体步骤如下：

1）依照实体面定面，命名为 2，如图 9-18 所示。

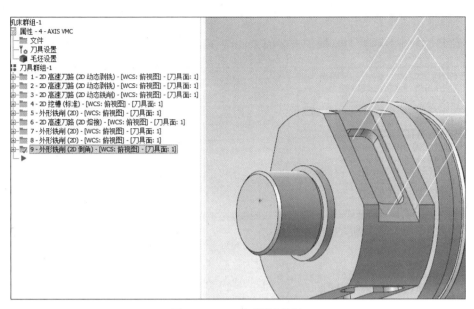

图 9-16　2D 外形铣削倒角

图 9-17　实体模拟完成

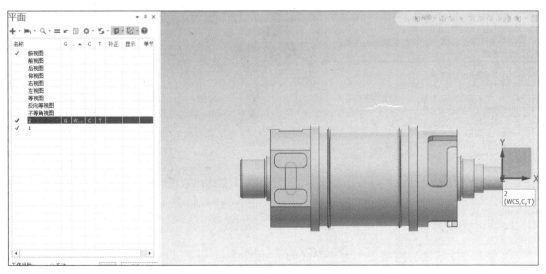

图 9-18　依照实体面定面

2）编写 2D 动态剥铣刀路加工上表面，如图 9-19 所示。

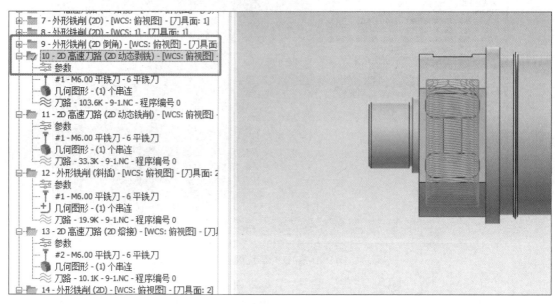

图 9-19　编写 2D 动态剥铣刀路加工上表面

3）编写 2D 动态铣削和斜插刀路加工下方槽，如图 9-20 所示。

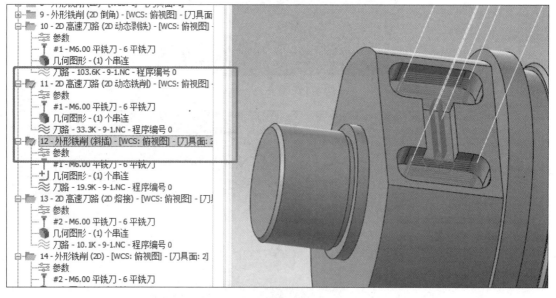

图 9-20　编写 2D 动态铣削和斜插刀路加工下方槽

4）编写 2D 熔接刀路精加工上表面底面，如图 9-21 所示。

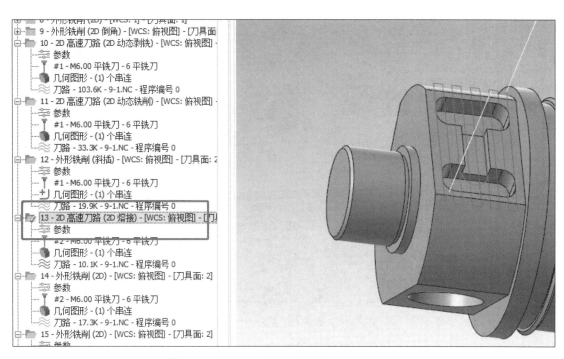

图 9-21　编写 2D 熔接刀路精加工上表面底面

5）编写 2D 外形铣削刀路加工槽底部和侧壁，如图 9-22 所示。

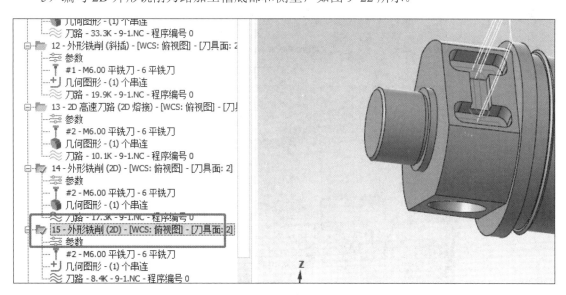

图 9-22　编写 2D 外形铣削刀路加工槽底部和侧壁

6）编写 2D 倒角刀路加工倒角，如图 9-23 所示。

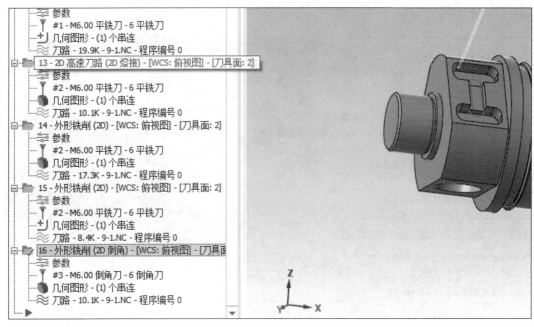

图 9-23　编写 2D 倒角刀路加工倒角

然后编写右边替换轴的刀路，具体步骤如下：

1）新建图层，单击"曲线"—"所有曲线边缘"，选择要加工的曲面，将曲面边缘线提取出来，如图 9-24 所示。

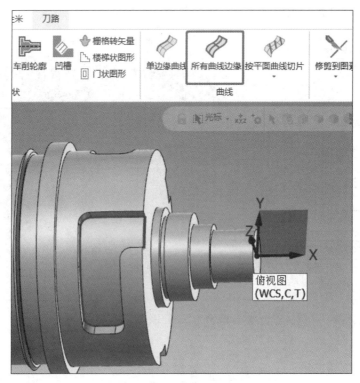

图 9-24　提取曲面边缘线

2）单击"转换"—"缠绕"，选择提取的边缘线，将线框展开，参数设置如图 9-25 所示。

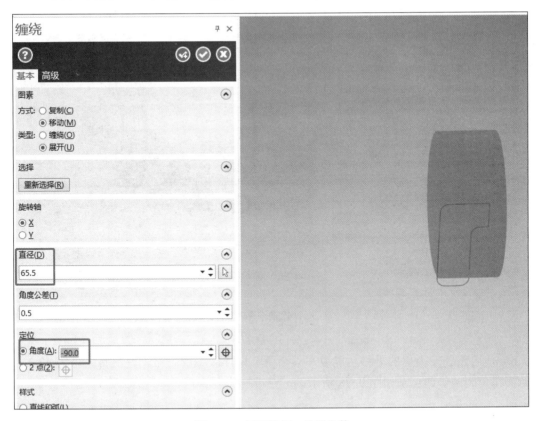

图 9-25　展开线框，设置参数

3）在刚展开的线框上编写 2D 动态铣削刀路，并缠绕在 ϕ65.5mm 的圆柱上，如图 9-26 所示。

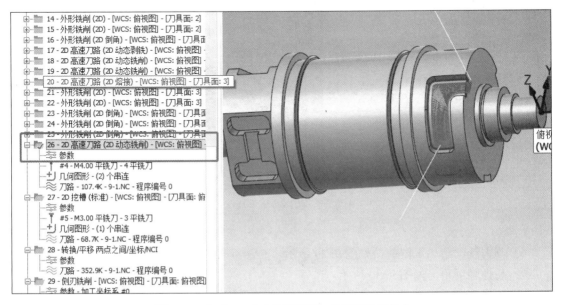

图 9-26　生成 2D 动态铣削刀路，并缠绕在圆柱上

4）编写 2D 挖槽刀路，同样缠绕在 ϕ65.5mm 的圆柱上，如图 9-27 所示。

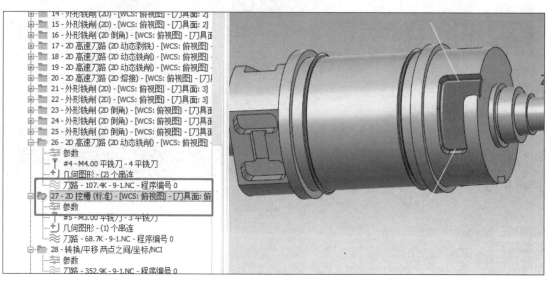

图 9-27　编写 2D 挖槽刀路，缠绕在圆柱上

5）使用路径转换里的平移功能编写其余两个同样区域的刀路，只需将编号为 27 的 2D 挖槽刀路复制两份即可，如图 9-28 所示。

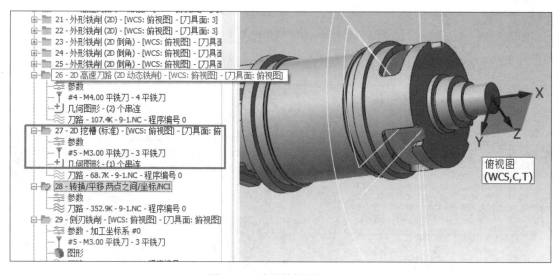

图 9-28　路径转换平移 2 次

6）侧刃铣削精加工侧壁，如图 9-29 所示。

7）替换轴倒角，如图 9-30 所示。

8）单击"G1"，生成程序，用西莫科模拟，如图 9-31 所示。

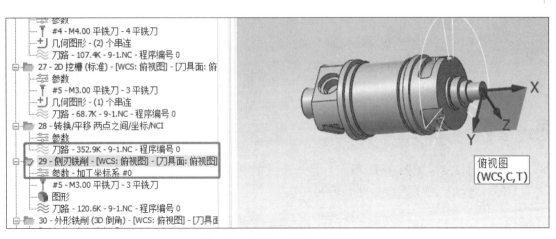

图 9-29　侧刃铣削精加工侧壁

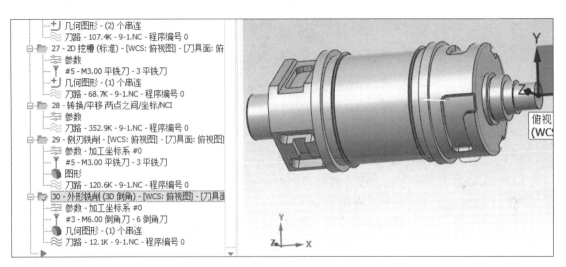

图 9-30　替换轴倒角

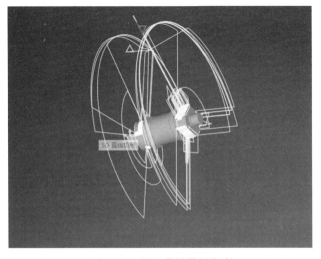

图 9-31　用西莫科模拟程序

实例 1 技术总结：

1）定面使用最常用的依照实体面定面功能。

2）替换轴路径转换用的是平移功能。

3）所有定面的刀路不能使用旋转轴。

9.2 实例 2：叶轮

打开素材 9-2，如图 9-32 所示，是一个比较典型的四轴叶轮。加工该叶轮先定轴粗加工，然后联动精加工，最后路径转换 7 次。

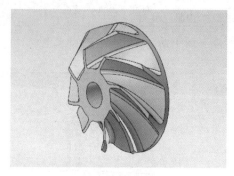

图 9-32 典型的四轴叶轮

（1）定面 具体步骤如下：

1）叶轮放到俯视图中，无法看到全部图形，所以无法全部一次加工出来。需要围绕 X 轴旋转一个角度，然后依照平面视图定面。

2）同时按住 <ALT> 键和键盘上的 < ↑ >< ↓ > 方向键，调整至全部都能看到的角度，如图 9-33 所示。

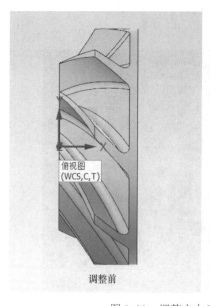
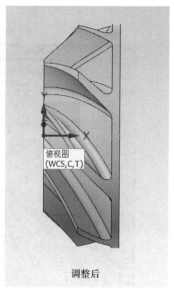

图 9-33 调整方向后都能看到了

3）单击"平面"，依照屏幕视图定面，命名为"111"，单击 ☑ 按钮，如图9-34所示。

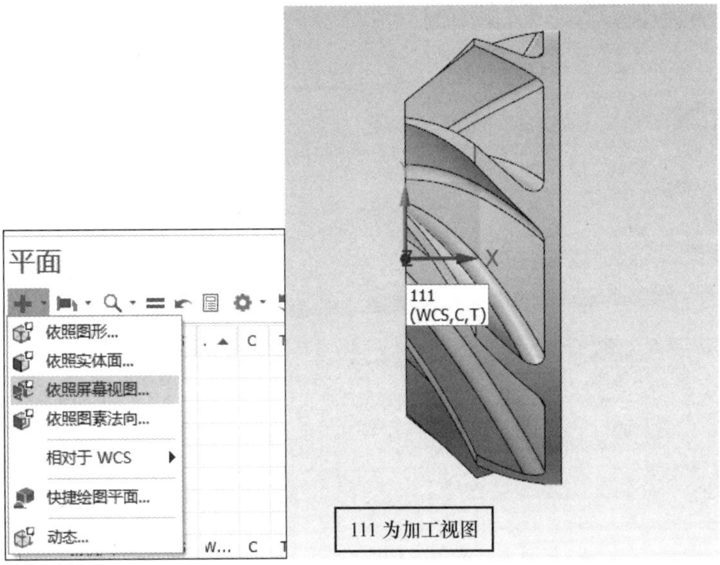

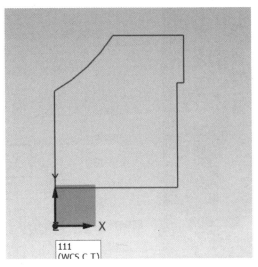

图9-34 依照屏幕视图定面

（2）创建毛坯模型 具体步骤如下：

1）新建图层，单击"线框"—"车削轮廓"，创建车削轮廓，如图9-35所示。

图9-35 创建车削轮廓

2）单击"线框"，绘制中轴线，单击实体，绘制旋转实体作为毛坯，如图9-36所示。

3）设置毛坯为图9-36创建的实体模型，如图9-37所示。

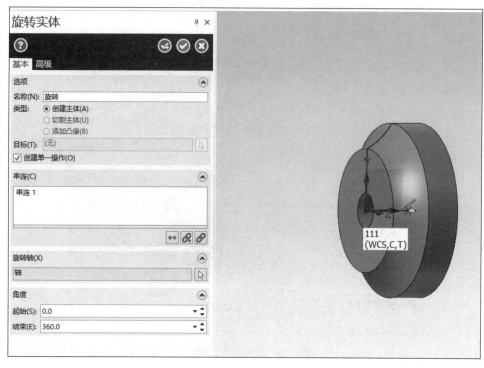

图 9-36　绘制旋转实体作为毛坯

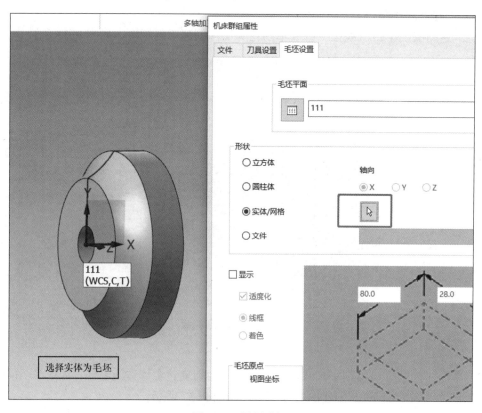

图 9-37　设置毛坯

4）右击"刀路"工具栏，单击"铣床刀路"—"毛坯模型"，创建毛坯模型，如图 9-38 所示。

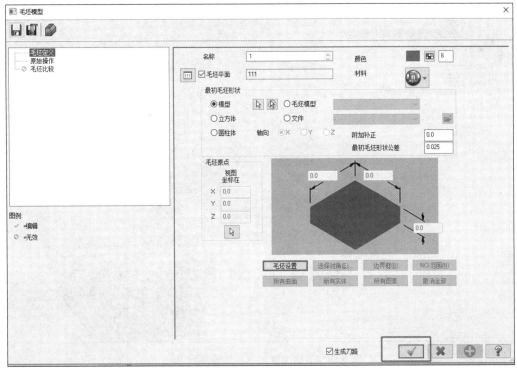

图 9-38　创建毛坯模型

（3）利用毛坯模型编写定轴的粗加工刀路　具体步骤如下：

1）创建边界范围，如图9-39所示。

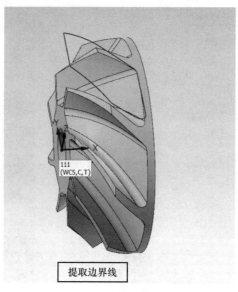

提取边界线

图9-39　创建边界范围

2）利用毛坯模型创建3D区域粗切刀路，需要注意定轴的视图，第一是俯视图，其余是定轴的"111"视图，如图9-40所示。

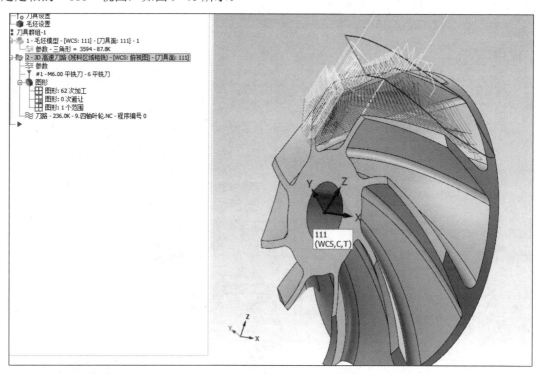

图9-40　编写3D区域粗切的定轴刀路

3）右击"刀具群组"，单击"路径转换"，弹出"转换操作参数"对话框，选择刚编写的 3D 粗切刀路，围绕左视图旋转 7 次，每次 45.0°，具体设置及效果如图 9-41 所示。

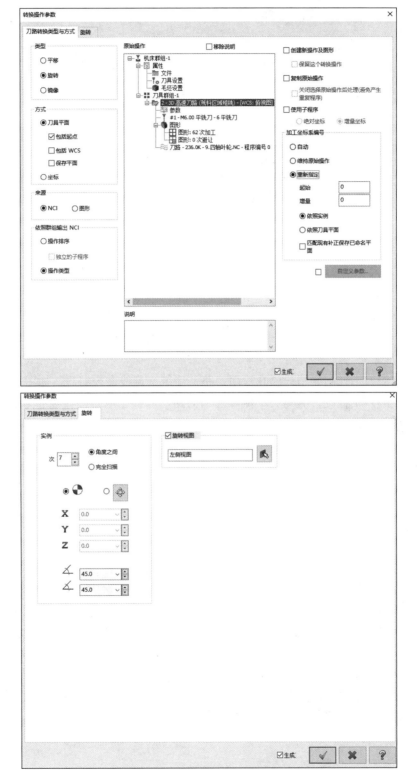

图 9-41　路径转换设置及效果

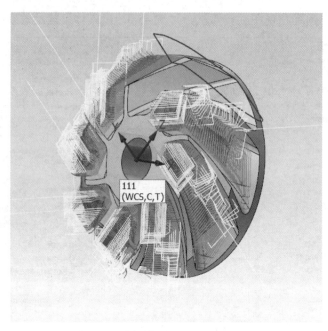

图 9-41　路径转换设置及效果（续）

（4）编写多轴联动刀路　这个叶轮适合将要加工的一块区域分成三份分开编程，难度会降低很多。具体编写步骤如下：

1）用到点的刀轴控制编写一侧叶片面刀路，用统一导线命令编写，如图 9-42 所示。

2）用从点的刀轴控制，编写另一侧叶片面刀路，同样也用统一导线的方法，如图 9-43 所示。

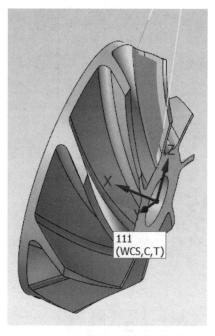

图 9-42　编写一侧叶片面刀路

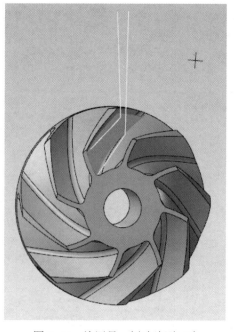

图 9-43　编写另一侧叶片面刀路

3）绘制辅助线，然后用从串连的刀轴控制编写中间轮毂面刀路，如图 9-44 所示。

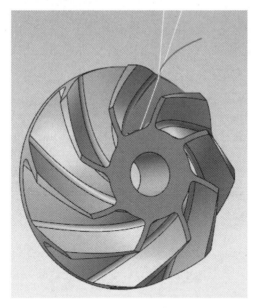

图 9-44　编写中间轮毂面刀路

检查无误后，将所有统一刀路的路径转换 8 次，如图 9-45 所示。

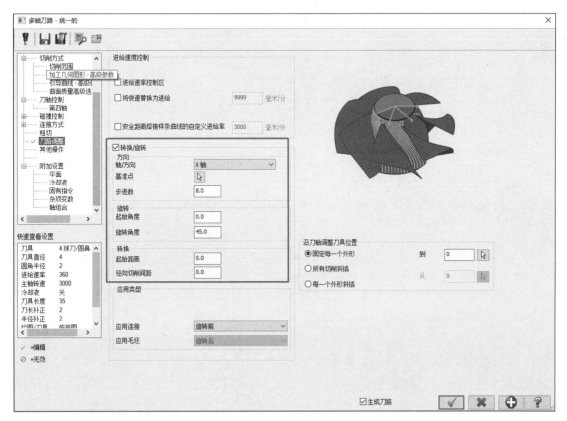

图 9-45　路径转换 8 次

图 9-45　路径转换 8 次（续）

叶轮编程技术总结：

1）粗加工可以使用毛坯模型，然后定轴加工。

2）联动精加工可以分 3 块区域编程。

3）可以分别使用到点、从点、从串连的刀轴控制方式编写刀路。